AF300475

DES

ANIMAUX ET DES PLANTES

DE L'EXTRÊME ORIENT INCONNUS EN EUROPE

PAR

M. SCHUTZ Professeur

à Nancy.

PARIS

IMPRIMERIE DE E. DONNAUD

RUE CASSETTE, 9

1860

DES ANIMAUX

ET DES

PLANTES DE L'EXTRÊME ORIENT

INCONNUS EN EUROPE.

APPLICATION DE LA PHILOLOGIE A LA ZOOLOGIE COMPARÉE.

La France, l'Angleterre, la Russie et l'Amérique du nord, les quatre puissances qui représentent toutes les formes et toutes les phases de la civilisation occidentale, assiégent aujourd'hui l'antique foyer de la civilisation de l'extrême Orient. Nous semblons toucher à l'époque où, suivant la prophétie, Japhet ira s'asseoir sous les pavillons de ses frères.

Il n'est donc pas sans importance de montrer combien ces grands événements, quel que soit d'ailleurs leur résultat momentané, au point de vue de la politique variable des gouvernements, pourraient contribuer aux progrès bienfaisants et durables des sciences naturelles, de l'agriculture, du commerce et de l'industrie. En effet, il existe dans les vastes contrées du Céleste Empire, des animaux domestiques et sauvages, des plantes alimentaires, des productions utiles jusqu'à ce jour inconnus en Europe, et dont l'acclimatation, la culture ou la simple importation pourraient augmenter les ressources et le bien-être du reste du monde. Il y aura bientôt deux cents ans que ce fait est signalé à l'attention des Occidentaux.

Un sinologue éminent s'écriait : Le compas de l'Europe n'est pas encore assez grand pour mesurer l'univers. Que de mondes dans le monde des plantes et des arbres ! Celui de la Chine, qui est immense, ne sera peut-être connu en Occident, de bien des siècles.

Avant 1777, des travaux manuscrits et imprimés, des mémoires considérables, des ouvrages spéciaux, rédigés par des missionnaires et par des savants chinois et européens, avaient souvent signalé au public et au gouvernement français, l'existence des vers à soie sauvages sur le *fagara*, sur le chêne, sur le frêne ordinaire TCHEOU-TCHUN et sur le frêne odorant HIANG-TCHUN. Ils avaient prouvé qu'il serait facile de naturaliser le *fagara* dans la Provence, le Languedoc et le Roussillon. Ils avaient proposé d'introduire en France le cotonnier herbacé, la châtaigne d'eau, le riz de montagne. Ils avaient enseigné le moyen de tirer des coings, des cerises, de la cannelle, de la mélisse et surtout du grain, le vin, l'eau-de-vie et le vinaigre ; le moyen d'enlever au gland son âcreté et de le faire servir à l'alimentation de l'homme. Ces renseignements précieux et multipliés furent complétement négligés. Le savant auteur qui nous a conservé les notes intéressantes du P. d'Incarville, nous a dit à ce sujet : En matière de connaissances, les plus simples et les plus utiles sont les dernières que les nations apprennent les unes des autres, témoin le semoir chinois, qui n'a attiré les regards de l'Occident qu'après plus de deux siècles d'un commerce continuel. Que nos philosophes examinent pourquoi il a fallu en dissimuler l'origine pour le faire adopter, tandis que pour les magots, les vernis, les feux d'artifice, la porcelaine, qui ont été tout autrement accueillis, on se parait du secret des Chinois, on s'en faisait honneur.

Cette disposition des esprits rendit inutiles tous les efforts des hommes de bien, qui voulaient dès lors tirer parti de l'étude réciproque des peuples. Ils ne purent triompher de l'indifférence universelle. Leurs noms demeurèrent inconnus ou furent bientôt oubliés, et le public regarde aujourd'hui comme des découvertes récentes les faits mille fois signalés depuis trois cents ans.

Mais ces faits ne sont plus négligés, il y a des tentatives d'acclimatation.

Malheureusement, nous n'avons plus à notre disposition toutes les ressources dont nos pères ont si mal profité. Nous n'avons plus ces établissements où de jeunes lettrés chinois venaient étudier les connaissances de l'Europe, apprendre aux frais de l'Etat la chimie, la physique, l'histoire naturelle, le dessin, l'art de graver, la fabrication des étoffes de soie, d'or et d'argent, celle des armes à feu ; afin que, de retour en Chine, ils pussent comparer les arts de cet empire avec les nôtres, et entretenir avec nous une correspondance réciproquement avantageuse aux deux nations. L'Europe n'a plus, à la cour du Fils du Ciel, des représentants capables de lire et d'écrire les caractères qui servent de lien commun à tous les peuples de l'extrême Orient.

Cependant, nous ne serons pas dans la nécessité d'attendre que le hasard vienne successivement nous présenter toutes les sources de richesse nouvelle, ou que des commissions savantes explorent librement les contrées mystérieuses de l'Asie orientale.

Nous avons un moyen certain de procéder immédiatement, avec ordre et méthode, à une enquête raisonnée, et nous pouvons au besoin la confier à des agents qui n'auraient en botanique et en zoologie que des connaissances élémentaires.

Ce moyen, c'est la science du langage qui nous le donne. Cette science peut rendre les plus grands services à l'étude de la nature. Dans la question qui nous occupe, c'est elle qui a reconnu dans la soie des vers sauvages de la Chine, la soie de Co, le *chodchod d'Ezéchiel*, et dans le frêne HIANG-TANG, ce frêne de Pline, dont les naturalistes du xviiie siècle avaient nié l'existence. C'est encore elle qui nous a fait connaître l'histoire de la soie du chêne, du frêne et du *fagara*, depuis la 3me année du règne d'OUEN-TI (150 ans avant Jésus-Christ), jusqu'au temps où le gouvernement chinois considéra les cocons sauvages comme une source importante du revenu public, surtout dans la province de Canton (environ dans l'an 1456). Enfin, c'est à elle que nous devons une foule de recettes de chimie industrielle et l'examen des 100 volumes dans lesquels l'empereur KANG-HI a consigné ses curieuses observations de physique et d'histoire naturelle.

Une branche nouvelle de la philologie, *logotomie comparée*, nous permettra de déterminer d'une manière certaine la patrie primitive de chaque espèce, d'établir l'itinéraire des animaux domestiques et des végétaux cultivés, propagés sur le globe par les migrations continuelles des nations antiques, et c'est en partie à l'aide de ces données que nous pourrons résoudre le grand problème de l'unité de l'espèce humaine. Il est facile de comprendre qu'il n'en saurait être autrement, puisque dans une liste des noms d'un animal ou d'une plante, chacun de ces noms étant changé par l'analyse en véritable définition, nous pourrons dire : Ce peuple a vu tel animal (le cheval, par exemple), à l'état sauvage ; tel autre peuple l'a vu pour la première fois attelé au char de guerre, à la maison mobile des pasteurs nomades ; cet autre l'a vu soumis à un cavalier et semblant former avec lui un seul et même être, un redoutable centaure. Enfin, chez cette nation, le cheval depuis longtemps dompté servait à plusieurs usages, et l'on distinguait dans l'espèce de nombreuses variétés.

Nous n'aurons à faire ici aucune de ces intéressantes comparaisons entre les langues différentes. La connaissance du vocabulaire chinois et l'analyse de quelques signes nous suffiront pour indiquer et faciliter les découvertes botaniques et zoologiques dans l'Asie orientale.

Nous allons donc, en employant ces caractères qui sont la langue écrite de tous les peuples de l'extrême Orient, quelle que soit d'ailleurs leur langue parlée, dresser une liste comprenant les noms de tous les êtres dont il s'agit de constater l'existence, en sorte que, muni de cette instruction, un agent diplomatique, un militaire, un marchand pourront se procurer, à peu de frais, la plupart des objets indiqués et les envoyer en Europe.

Dans cette liste, on distinguera sans peine quatre catégories :

1° Les animaux et les plantes de la Chine qui sont encore inconnus en Europe ;

2° Les animaux et les plantes connus peut être dans le reste de l'Asie, mais dont les noms manquent d'équivalents suffisamment constatés dans les nomenclatures occidentales ;

3° Les êtres dont les proportions exagérées pourraient cependant se rattacher à des types réels, comme celles du Kraken au poulpe, comme celles du Simurgh et du Roc à l'Épiornis et au Condor ;

4° Les figures, en apparence, fantastiques par lesquelles les peuples accoutumés à représenter souvent leur pensée sous la forme de l'hiéroglyphe symbolique ont voulu indiquer ou une classe d'êtres déterminée, ou la classification complète d'un des grands règnes de la nature.

Pour faire comprendre ce dernier fait, nous donnerons l'interprétation de quelques-unes de ces images synthétiques parfaitement intelligibles pour les lettrés des premiers âges, et devenues ensuite aux yeux du vulgaire autant d'individualités surnaturelles. Tout en aidant le lecteur à mieux suivre ce travail, cette interprétation lui donnera un léger aperçu des lumières que la graphonomie comparée est appelée à répandre sur les mythologies primitives.

Il s'agit des classifications zoologiques des naturalistes chinois. Ils en ont comme nous plusieurs. Je ne donnerai ici que la plus vulgaire, qui est aussi la plus ancienne. Elle a beaucoup de rapports avec la classification que M. de Blainville a proposée dans plusieurs ouvrages, de 1816 à 1840.

Les *tchong*, ou locomouvants sont divisés en cinq classes égales, reconnaissables à leurs téguments :

1° Les pennifères (oiseaux) ;

2° Les pilifères (mammifères) ;

3° Les squamifères et scutifères (reptiles et poissons) ;

4° Les testifères (mollusques ou malakozoaires) ;

5° Les animaux qui ont la peau nue en naissant, classe à laquelle appartient l'homme lui-même (nudipellifères).

Le terme général de *tchong* désigne tous les entomozoaires et autres animaux inférieurs.

Pour indiquer, par une image, l'idée de l'*oiseau* en général, il a été nécessaire de combiner les caractères distinctifs des classes des pennifères. Il en est résulté une figure tenant à la fois du rossignol, du cygne, de la grue, de l'aigle, du paon et de l'autruche : c'est le FONG, à la fois passereau, palmipède, échassier, rapace et gallinacé.

Pour représenter l'herbivore en général on a combiné dans une même figure les formes du ruminant et du pachyderme, c'est le KY-LIN.

Le signe de l'idée générale de reptile est un dragon à tête de batracien, à pattes de saurien, à dos de chélonien, à langue et à queue d'ophidien.

Les animaux qui ont la chair en dedans et les os en dehors, ont pour image un mollusque colossal, étendant pour nager des tentacules piliformes.

Enfin la personnification de la nature vivante, du règne bestial est le LONG. Ce règne bestial a d'abord existé sous la forme d'un poisson ou d'un reptile colossal, puis il a acquis le pouvoir de s'élever dans les airs ; il peut être considéré comme une chaîne vivante, un vaste corps dont les ruminants à cornes et sans cornes forment la tête ; les carnivores terrestres et aériens, les pattes ; les squamifères, le ventre et les extrémités inférieures.

C'est pourquoi les sages de l'antiquité l'ont représenté avec des bois de cerf, des oreilles de bœuf, une tête de chameau, des pattes de tigre, des serres d'épervier, des écailles de poisson, et des plaques ventrales de reptile.

Dans la figure du SING, hiéroglyphe non moins souvent employé, nous voyons la forme humaine se dégager de celles des grands pachydermes et des herbivores, quelquefois même de celle du carnivore.

Il y a, comme on le voit, de nombreuses analogies entre ces images synthéthiques, sino-japonaises et le phénix, le dragon, la chimère et le sphynx de l'Egypte et de la Grèce.

Dans la recherche des plantes et des animaux inconnus de l'extrême Orient, dans l'établissement de la synonymie des nomenclatures, l'analyse des caractères est d'un grand secours, puisque par elle chaque signe devient une définition. La possibilité de cette analyse est aujourd'hui contestée gé-

néralement par les sinologues européens, mais elle est ad-
mise par les lettrés chinois, et fut sans cesse employée par
les missionnaires de Pékin, bien qu'aucun de ces savants
n'ait pu déterminer les règles de cette sorte de traduction. Je
n'en donnerai qu'un exemple, afin d'indiquer le lien traditionnel qui rattache à la science antique les procédés grapho-
nomiques auxquels j'aurai parfois recours en ce mémoire.
Dans une notice sur le CHÉ-HIANG, base d'un parfum qu'on
nomme l'*Éternel*, et qui passe pour le meilleur des préserva-
tifs en temps de peste et d'épidémie, l'auteur dit en commençant. Les Chinois ont donné le nom de CHÉ-HIANG à
l'animal céleste duquel on tire le musc. Le caractère CHE est
composé de deux autres, dont l'un signifie *daim* et l'autre *dé-
cocher;* celui de HIANG signifie *odeur;* ainsi, à s'en tenir à
cette analyse ou étymologie, le CHÉ-HIANG serait le *daim
qui décoche de l'odeur,* c'est-à-dire qui se défend, qui repousse
ses ennemis par l'odeur excessivement forte qu'il exhale, surtout quand sa poche à musc vient à se rompre.

Je suivrai dans ce travail la division adoptée par les Chinois. Ils distinguent six sortes d'animaux domestiques : 1° les
bêtes de somme ; 2° l'espèce bovine ; 3° les bêtes à laine ;
4° les carnivores apprivoisés ; 5° les oiseaux de basse-cour ;
6° l'espèce porcine. Nous nous occuperons d'abord des chevaux.

GENRE EQUUS.

Toutes les inductions fournies par l'anatomie comparée
du langage et l'analyse des caractères chinois viennent con-
firmer les conjectures tirées de l'examen des tableaux hiéroglyphiques de l'Egypte et de la Nubie, ainsi que des témoignages de la Bible et de l'Iliade. Tout porte a croire que la
race mongolique a dompté le cheval, et que ce même *Scythe*
qui, suivant la tradition recueillie par Pline, inventa l'arc et
les flèches, est bien réellement le premier homme qui ait osé
se cramponner sur le dos du tarpan et le soumettre à sa volonté.

Nous trouvons dans le dictionnaire chinois trois caractères
qui désignent le *cheval sauvage.*

Le premier, SSE, se compose de deux élements qui signifient les chevaux qui forment le cercle. Tel est en effet l'aspect sous lequel se montrent les hordes à l'approche du
danger. Se présente-t-il un ennemi redoutable qu'on ne
veuille ou qu'on ne puisse éviter par la fuite, on se réunit
en pelotons serrés et circulaires, toutes les têtes tournées vers
le centre dans lequel se réfugient les jeunes animaux; il est
rare qu'à la vue de pareille manœuvre, les tigres et les lions
ne fassent pas une retraite précipitée.

Le second caractère, CHY représente le cheval chef de
troupeau, le troupeau obéissant à un chef. C'est encore un
des aspects sous lesquels se montrent les hordes de tarpans.
Ces hordes fortes ordinairement de plusieurs milliers d'individus se divisent en plusieurs familles, dont chacune est
formée par un mâle et un certain nombre de juments et de
poulains qui le suivent avec abandon et lui obéissent avec
docilité. Il est facile, quand on rencontre un troupeau, de
distinguer ce chef, soit qu'il donne le signal du départ,
quand un pâturage est épuisé, soit qu'il marche à la tête de
la colonne à travers un ravin, une rivière, un bois inconnu
qu'il importe de franchir. S'il apparaît un objet extraordinaire, le chef commande une halte, va à la découverte, et
donne par un hennissement le signal de la confiance, de la
fuite ou du combat. Ce cheval est considéré comme le *type
des solipèdes*, il tient parmi ceux-ci le rang que le lion occupe à la tête des carnassiers.

Le troisième caractère, TO, représente le coursier rapide et
hennissant avec son troupeau. C'est ainsi qu'il se montre aux
caravanes quand il vient convier ses frères esclaves à la liberté du désert. Le TO est bien le tarpan isabelle ou gris de
souris, *equus silvestris cærulei et nigri coloris*. C'est le tarpan
au poil long et moutonné, portant à la lèvre supérieure ces
moustaches en croc que nous voyons à quelques chevaux po-
lonais. Ce nom se donne aussi aux chevaux domestiques qui
ont la robe du tarpan, et même à ceux qui sont blancs avec
des crins noirs.

Quand les peuples de l'Asie occidentale introduisirent le
chameau à la Chine, les Chinois lui donnèrent le nom du *to*,

comme les Romains avaient donné à l'éléphant de *Pyrrhus* le nom de bœuf de Lucanie.

Comme on le voit, ces trois caractères *sse*, *chy* et *to*, que les dictionnaires traduisent indifféremment par cheval sauvage *equus silvestris* sont loin d'être synonymes et présentent à l'esprit des images bien distinctes.

A côté de ces noms qui désignent le cheval à l'état de liberté, il existe en chinois un grand nombre de mots qui éveillent l'idée d'un cheval apprivoisé ; ces mots sont figurés par les caractères TSUN, LO, TSANG, EUL, TY, HIAO.

Il ne faut pas les confondre avec les synonymes de SUN qui se donnent au cheval domestique, d'un naturel doux, en opposition avec le NGAN cheval domestique irrité ou indocile, et avec NGAO le cheval indompté.

S'il est vrai qu'on doive considérer les oreilles pendantes comme un signe d'ancienne domesticité ; l'existence du KOUANG serait un fait important.

Il est à remarquer que la Chine est la seule contrée où l'on rencontre des chevaux et des chats aux oreilles longues et pendantes.

Enfin, nulle part ailleurs le cheval n'aurait des proportions aussi considérables, le HAN, le KIAO ou HIAO atteignent, dit-on, six coudées, le LAY s'élève jusqu'à sept coudées.

Il existerait même un animal du genre *equus*, un grand cheval sauvage pie noir ou gris pommelé comme notre breton et qui pourrait vaincre le terrible tigre asiatique. Tous les chevaux sauvages savent se défendre vaillamment contre les bêtes féroces, mais le LO-PO ne se contenterait pas de leur résister, car le P. Basile de Glemona dit de lui, *quidam quadrupes equo similis, qui potest tigridem devorare*. Il serait aisé de constater l'existence des trois premières races puisqu'elles sont domestiques. Il serait intéressant de comparer ces espèces massives au flamand, au poitevin, au boulonnais, de voir si elles sont destinées exclusivement au trait ou si elles peuvent, comme le normand, le breton et le mecklembourg, fournir à la fois des chevaux de main et d'attelage.

Je serais porté à admettre cette dernière hypothèse, parce

qu'il y a en chinois des noms particuliers pour les chevaux lourds qui font leur service au pas. Le LAY serait peut-être l'objet d'une enquête moins facile, mais la réalité de son existence serait un fait zoologique très-intéressant, car le LAY serait le prototype des solipèdes, et pourrait se comparer pour la taille aux chevaux dès époques antédiluviennes. Quant aux chevaux de course, ils paraissent avoir attiré surtout l'attention des Mongols primitifs ; les caractères qui les représentent sont indistinctement traduits par coursier, *equus celeriter currens*, mais l'analyse des signes nous fait connaître la valeur des synonymes apparents et nous donne des noms significatifs, tels que bon serviteur, docile à la main, flèche, vent du nord, cheval de prince, d'empereur, cheval de race historique (descendant probablement des destriers fameux qui ont mérité l'honneur d'être désignés chacun par un caractère spécial).

Les chevaux destinés aux messagers de l'État l'emportent sur tous les autres en vélocité et leur nom signifie coursiers du soleil, coursiers prompts comme la lumière.

Malgré ce titre pompeux il y aurait encore des coureurs d'une vitesse supérieure à celle du JY-MA ; le TSIEN-LY-KU et le KY-KY, pouvant faire, jusqu'à cent lieues chinoises en vingt-quatre heures. Mais nous ne savons pas encore si ce dernier est un cheval ou un dromadaire. Sa douceur égalerait sa force et son agilité, la décomposition du caractère qui le désigne porterait à croire qu'il est originaire des terres septentrionales.

Il serait curieux et utile de comparer ces chevaux de course à l'arabe, au barbe, au limousin, à l'anglo-arabe.

Comme les Sémites et tous les peuples équestres, les Chinois désignent par des mots simples des idées relatives au cheval et que nous ne pouvons traduire sans périphrase. Ainsi une seule syllabe, représentée par un seul groupe de caractères, désigne le cheval qui marche, celui qui court, qui lève la tête, le cheval nouveau-né, le cheval de 8 ans. Il y a des noms particuliers pour les attelages de 2, 3 et de 4 chevaux, les deux chevaux de côté d'un quadrige.

Il était naturel à un peuple qui cherche toujours à désigner les choses par le caractère le plus simple et le plus extérieur d'attacher une assez grande importance à la couleur du poil et aux signes que nous appelons balzanes.

Voici à ce point de vue la terminologie hippiatrique des peuples de l'extrême Orient; j'ai cherché à établir sa synonymie avec celle des Occidentaux.

Cheval très-noir, LY.
   — noir, HUEN.
   — rubican ou pie bai, HIA.
   — gris de fer, TIE.
   — rouan ou pie noir, PAO.
   — bai à taches de feu, SIN.

Cheval rouan, YN.
   — gris porcelaine, KY.
   — haut chaussé, TCHU.
   — s'il est noir, YU.
   — pie alezan, PEY.

Sans accorder à la couleur de la robe trop d'influence sur les qualités du cheval, on peut admettre deux faits. Le premier, que, dans toutes les races, des robes lavées et pâlissantes vers les extrémités annoncent des sujets de peu de qualité. Le second, que si la couleur de la robe était un caractère insignifiant, elle ne serait pas si constante chez les chevaux livrés à la nature, elle ne serait pas chez les espèces équestres civilisées un attribut de quelques races, telles que le gris souris pour le tarpan et l'arabe, l'alezan pour le limousin, le noir pour le suisse et le comtois.

C'est pourquoi j'appellerai l'attention des naturalistes sur les 6 races de chevaux chinois dont nos hippiatres ne mentionnent pas les équivalents, ce sont :

Le YOUEN, cheval alezan avec des crins noirs et le ventre blanc.

Le KOUA, cheval jaune, dont la bouche est noire.

Le LO, cheval blanc, dont la queue est noire.

Le LIEOU, cheval alezan, avec des crins noirs.

Le TAN, cheval noir, dont le dos est jaune et parfois les pieds blancs.

Quant à la liste générale des grandes variétés du genre *equus*, à l'exception du quagga, du dauw et du zèbre, qui, appartenant à l'Afrique, paraissent avoir été inconnus à la Chine, la division des Orientaux est semblable à la nôtre ; en voici la synonymie :

Le cheval, *equus caballus*, MA.

L'âne, *equus asinus*, LU.
L'âne sauvage, *onager*, YE-LU.
Equus mulus (issu de l'âne et de la jument), LO.
Equus hinnus (issu du cheval et de l'ânesse), KUE.

Il y a trois types sur lesquels les naturalistes chinois peuvent nous fournir des renseignements précieux. Le *czigithai*, que nous appelons *equus hemionus*, hémione, le czigithai, léger comme le cerf, sobre comme le chameau, et digne par sa vélocité de servir de monture au dieu du feu de la mythologie thibétaine.

Le *jumart*, animal dont l'existence niée par Buffon a été affirmée en 1767 à l'École vétérinaire de Paris et à celle de Lyon. Les Chinois ont pour représenter le jumart trois caractères qui se rapportent, peut-être, au jumart issu de la jument et du taureau, au jumart du taureau et de l'ânesse, à celui de l'âne et de la vache. Suivant le P. Basile de Glemona, ils ne connaissaient que cette troisième variété.

La *licorne*, désignée par cinq caractères de la langue chinoise. Les peuples de l'extrême Orient partagent l'opinion des Perses, des Arabes, des Grecs, des habitants de l'Afrique méridionale. Pline, Barthéma, Cloete, Férussac, le major Lattar et M. du Couret ne se trompent pas en admettant l'existence de la licorne ; reste à savoir si cet animal ne serait pas, comme le croit Pallas, une antilope accidentellement unicorne. Un fait viendrait en partie à l'appui de cette dernière supposition ; cinq des caractères qui désignent le KY-LIN sont rangés dans les vocabulaires sous la clef, ou le déterminatif, qui signifie un *cerf*.

En résumé, il serait utile de nous procurer quelques individus des races HAN, HIAO, LAY et JY.

Il serait important, au point de vue de la science, de constater l'existence du LO-PO, du KY, des jumarts ME et TSE, et du KY-LIN.

Il ne faudrait pas négliger de voir si les noms YOUEN, KOUA, LO, LIEOU et TAN désignent des races distinctes, ou seulement des différences de robe, et quel est ce KOUANG aux oreilles recourbées ou pendantes.

Ainsi, dans le seul genre *equus*, voilà 15 animaux utiles,

trois types curieux dans l'échelle zoologique, et qui sont tout à fait inconnus en Occident.

Dans ces premiers essais de zoologie comparée, nous suivons l'ordre admis dans l'Asie orientale pour la classification des animaux utiles, parce que cet ordre basé sur l'importance des services rendus à la race mongole, par chaque espèce domestique, est en même temps conforme à ce que l'étude des langues nous révèle au sujet du développement de la civilisation, depuis les siècles anté-historiques jusqu'à nos jours.

En effet, dans l'extrème Orient, la vie sauvage et guerrière des chasseurs nomades fut bien l'époque du cheval; l'âge pastoral et agricole est celui du bœuf et de la brebis.

L'époque de l'oiseau, du porc et du chien alimentaire, correspond à une époque de la vie sociale à laquelle aucune nation de l'Europe n'est encore arrivée.

Des révolutions qui ne font que modifier les formes administratives ne peuvent nous donner une idée de ces grandes révolutions du système alimentaire, qui changent les rapports de l'homme avec la nature, et produisent dans le travail, les mœurs, les idées, une transformation complète. La logotomie comparée, en retrouvant dans chaque mot la trace d'une pensée, d'un sentiment, d'un fait inconnu, reproduit vivantes les époques perdues, antérieures à l'invention de l'écriture, et nous amène à comprendre les liens intimes qui unissent l'histoire de l'homme à celle des animaux et des plantes. Il est alors facile d'apprécier dans les œuvres littéraires, les souvenirs de l'enfance des nations. Longtemps après la conquête de l'Inde et de l'empire chinois, voyez ce qu'étaient encore le cheval et le cavalier tartare. « Dans les » grandes chasses d'hiver et d'automne, dit l'empereur » KANG-Hi, quel plaisir de voir des archers prompts comme » la tempête, terribles comme la foudre, atteindre les bêtes » fauves et lancer de toutes parts des traits mortels ! Qu'elle » est merveilleuse l'adresse de ces hommes ! Aussi vite que » la pensée, cheval et cavalier volent au sommet des monta- » gnes, descendent au fond des abîmes, et saisissent leur » proie; pas une flèche n'est décochée en vain. Pour donner

» un spectacle plein de charmes, ces guerriers, au coup d'œil
» sûr, lancent en galoppant leurs flèches, dont le sifflement
» ressemble à celui de la soie qu'on déchire. Ainsi que l'a dit
» le CHI-KING, ces braves cavaliers, ces hardis chasseurs s'in-
» quiètent peu de la distance ; ils tirent également en pleine
» course ou au pas. Ils dressent si bien leurs chevaux qu'ils
» les rendent capables de comprendre l'intention de leur
» maître ; si la bête poursuivie est trop loin, le cheval sait
» se mettre à sa portée ; si elle est trop près, il augmente la
» distance, et dans l'instant même où le chasseur a tiré, le
» cheval prend la position la plus favorable. On donne, à bon
» droit, le nom de coursiers généreux à ceux qui montrent
» autant d'intelligence. Il y a des hommes qui possèdent
» tellement l'art de l'équitation qu'ils font paraître excellent
» un cheval bon ou mauvais, dès qu'ils l'ont monté une
» seule fois ; c'est une action réciproque, le cavalier fait briller
» le cheval et le cheval est la gloire du cavalier. » Tels furent, pendant des milliers d'années, les Mongols primitifs,
parcourant les plaines sans limites de la *terre des herbes*, et
disputant aux tigres, aux ours, aux chiens sauvages, à de
grands carnassiers inconnus en Europe, les troupeaux de
cerfs, d'antilopes et d'argalis. Tels étaient encore aux
temps historiques les cavaliers d'Afrasiab, d'Attila, de
Gengis et de Timour. L'époque du bœuf ne commença qu'a-
près l'invasion de l'Asie méridionale. Le yack à longue crinière, à queue flottante, fut d'abord employé comme bête de
somme auxiliaire, et nous trouvons dans la langue chinoise
le caractère CHE qui représente la jument bovine. Autour du
bœuf indien se groupèrent les troupeaux de chèvres et de
moutons apprivoisés par les Mongols ; à l'âge de la chasse
vinrent succéder l'état pastoral et l'agriculture. Pour favori-
ser ce progrès, pour diminuer la redoutable mobilité des
hordes nomades, il fut défendu de manger du cheval, et cette
défense subsiste encore de nos jours.

Les trois dernières classes d'animaux domestiques, les oiseaux de basse-cour, les chiens alimentaires et les pourceaux,
ne devinrent nombreuses qu'à l'époque, infiniment plus récente, où les populations adonnées à l'agriculture commen-

cèrent à se trouver à l'étroit sur le vaste territoire de l'empire central. Dès lors le grand bétail disparut, les cochons et la volaille furent la seule viande d'une grande partie du pays, surtout dans les lieux où ne pouvaient être transportés le gibier des montagnes, les moutons de la Tartarie et les poissons de la mer et des fleuves.

Pour donner à ces recherches sur les animaux utiles de l'extrême Orient une forme historique, il nous suffira de suivre l'ordre des cinq classes de la division chinoise, en rapportant à chacune d'elles les espèces secondaires. Ainsi nous rapporterons à l'époque du bœuf tous les ruminants, et nous commencerons par le genre qui eut dans l'antiquité le plus d'importance.

GENRE CERVUS.

Les peuples de l'extrême Orient n'ont pu ignorer l'existence des deux espèces de cerfs qui sont communes aux parties boréales de l'ancien et du nouveau monde. Ils ont dû connaître aussi le cerf, le daim, le chevreuil, qui s'étendent jusque dans l'Asie septentrionale, et l'*ahu*, cervus pygargus propre à la Tartarie.

Ils ne connaissent pas les neuf espèces américaines, mais par une sorte de compensation, les vocabulaires chinois et les ouvrages de KANG-HI nomment et décrivent cinq variétés du genre cerf dont l'Europe ignore l'existence ; et le porte-musc a donné lieu, dans son pays natal, à des observations intéressantes.

Le grand nombre des mots consacrés dans les langues d'ancienne formation à la nomenclature de l'espèce cervine, annonce à l'observateur un animal utile et répandu sur une immense région du globe. Aux deux extrémités de l'ancien monde, les peuples ont suivi dans la désignation des différences extérieures du cerf un même système linguistique. Au lieu d'ajouter au nom commun de cet animal des articles, des adjectifs déterminatifs, tels que KOU, MOU, SIAO, etc. c'est-à-dire vieux mâle, mère et petit, ainsi qu'on le fait pour un grand nombre de bêtes sauvages, les Chinois distinguent par des noms spéciaux le sexe, l'âge, les phases successives de la forme du cerf. Ils distinguent ainsi le faon en général, le faon nouveau-né, le faon déjà grand, le cerf dont le bois n'a qu'une branche appelée perche, c'est le daguet de nos veneurs ; le cerf de trois ans portant un bois dont la branche primitive est déjà ramifiée en plusieurs andouillers ; le cerf des rizières, la biche, la grande biche ou biche pubère de deux ans, le grand cerf qui perd son bois deux mois plus tôt que les jeunes, le cerf mâle ou bramant, le cerf commun allant par horde, le cerf royal ou roi, le cerf parfait, celui que nous appelons de dix cors ou vieux cerf. Ainsi les peuples de l'extrême Orient pratiquaient ce principe formulé par M. Bory de Saint-Vincent : La figure du bois est un des meilleurs caractères que l'on puisse adopter pour distinguer les espèces du genre cerf, encore que cette figure y varie selon les âges. Mais ces variations y sont à peu près pareilles, ou du moins suivent une marche analogue dans tous les individus que rapprochent leurs formes spécifiques. En étudiant les ingénieux hiéroglyphes de l'écriture chinoise, on est frappé du soin avec lequel les auteurs ont choisi ce qu'il y a de plus apparent, de plus saillant, de plus caractéristique dans chaque forme animée, et l'on comprend à quelle prodigieuse antiquité remonte cette profonde observation, formulée chez nous par Cuvier : La figure est plus essentielle que la matière dans la distinction des corps vivants, car un animal ne diffère réellement d'un autre animal que par la forme et non par la nature de la matière qui entre dans la composition de ses organes. Mais cette écriture philosophique de l'Asie orientale ne nous indique pas seulement le signe spécial et distinctif de chaque être vivant, elle nous apprend en même temps en quel lieu il réside. Ainsi le caractère Lo, qui signifie le pied des montagnes, nous représente une forêt habitée par des cerfs ; le caractère MY nous montre ces animaux aux bords des marécages ou dans les bois coupés de champs cultivés, et cela suffit pour nous avertir que la plupart des cerfs se plaisent dans les forêts, recherchent les bords des eaux et ne s'élèvent guère dans les régions montagneuses. Un des signes rangés sous la clef Lo, nous apprend que dans les mêmes lieux se trouve la plus terrible variété de l'espèce léonine, le

SOEN-NY qui fait sa proie habituelle des faons, et dévore les tigres quand ils se hasardent sur son territoire de chasse.

Les cinq animaux du genre cerf qui ne sont pas encore connus des naturalistes occidentaux sont :

Le TY, grand cerf du Nord, cervus ferox.

Le PAO, espèce de cerf sans queue. Quoddam animal cervo simile, sed sine caudâ.

Le TCHO, animal semblable au lièvre, qui a le poil de couleur noire, une grande tête et des pieds comme ceux d'un cerf. Quoddam animal lepori simile, pilis nigris, magno capite et pedibus cervinis.

Le TCHANG, petit daim sans cornes. Animal cervo simile, sed minus et sine cornibus. Facile par cela même à distinguer du KY ou daim commun, remarquable par sa vitesse, sa force et les bonds prodigieux auxquels il doit son nom.

Enfin le KAN-TA-HAN, décrit par l'empereur KANG-HI.

Le KAN-TA-HAN est une espèce de cerf du pays de FOU-YO-EUL-THSI, sa couleur est d'un noir qui tire sur le bleu foncé, il a, à la partie supérieure du cou, une sorte de fanon de chair fort gros, et sur l'échine une bosse comme celle du bœuf (du yack). Cet animal est très-gros et plus pesant qu'un bœuf. Ses cornes sont assez fortes et recourbées, d'une substance osseuse, elles ont plus de force et de dureté que le meilleur ivoire. Ses nerfs sont regardés comme un spécifique contre les rhumatismes et les sciatiques. »

Le KAN-TA-HAN est-il une variété de l'élan (un élan à bosse), ou une variété de cet antilope à goître, qui habite, avec le *saïga*, le vaste plateau de la Tartarie? Ce que dit le naturaliste chinois de la grande taille du KAN-TA-HAN, de ses formes massives, de l'ossification complète des bois, sont des caractères qui conviennent à l'élan; car, suivant la remarque de Geoffroy-Saint-Hilaire, l'élan est le seul animal du genre *cervus* dont le bois ait une compacité complète, celui du chevreuil, du renne et du daim est beaucoup moins dur, et la partie réticulaire prédomine dans les cornes du cerf proprement dit. L'élan n'a pas la bosse du yack, mais ses omoplates proéminentes et l'élévation du train antérieur peuvent produire une apparente gibbosité. Au reste, l'exis-

tence d'un élan à bosse, plus grand et plus fort que le cari-
bou, le cerf indien et l'hippélaphe antique, n'a rien d'impossible ; et les assertions de KANG-KI sont d'autant plus dignes
d'attention, que ce savant naturaliste apportait à ses observations zoologiques et à ses analyses chimiques le soin le
plus scrupuleux. Il unissait la sagacité du chasseur tartare
à l'érudition du lettré chinois ; disposant des ressources inépuisables d'un empire immense, il étudia, pendant toute sa
vie, avec la même ardeur, non-seulement par amour de la
science, mais dans l'espoir souvent réalisé de faire des découvertes utiles au bien-être de ses peuples. J'aime mieux,
disait-il, j'aime bien mieux procurer une nouvelle espèce de
fruits ou de grains à mes sujets que de bâtir cent tours de
porcelaine. Nous verrons plus loin quel était son système
d'acclimatation, comment il se servait de l'étude de la nature
pour détruire les préjugés répandus par les *Tao-sse* et les
bonzes de Fô, et savait traiter les plus hautes questions d'anthropologie.

Une autre considération tend aussi à rendre probable
l'existence des animaux dont nous venons de parler. En
vertu d'une loi générale, les formes externes d'un genre offrent une échelle bien graduée, touchant à tous les types de
la même classe ; ainsi, dans le genre *cervus*, la taille et l'aspect des animaux rappellent tour à tour le bœuf, le veau, le
cheval, l'antilope, la chèvre, etc. Ce fait est tellement évident qu'il a laissé une trace dans toutes les langues, et que
nous trouvons dans le français les noms de cerf-cheval, de
cerf-cochon, de chevreuil, de chevrette. Pourquoi n'y aurait-
il pas un KAN-TA-HAN ou cerf-yack ? Pourquoi n'y aurait-
il pas un TCHO, dont la forme cervine se rapprocherait de
celle du genre *lepus* ?

Puisque la longueur de la queue varie dans le genre cerf,
tombant jusqu'au jarret dans une espèce, moyenne dans une
seconde, longue à peine de quelques pouces dans une troisième, pourquoi n'y aurait-il pas un PAO ou cerf sans queue ?
Le TCHANG, ou daim sans cornes, présente une forme intermédiaire entre celle du KY et du porte-musc ; son existence
est aussi très-vraisemblable. Elle l'est d'autant plus que ce

dernier animal, connu à la Chine sous le nom de CHÉ-HIANG, a été l'objet d'une étude spéciale, imposée aux chasseurs par le désir de distinguer de loin le cerf musqué des animaux qui ont la même figure, les mêmes attitudes. Cette étude comparative du CHÉ-HIANG, du TCHANG, du chevrotain, de la gazelle et du chevreuil a été faite avec soin dans toutes les montagnes qui forment une chaîne depuis le LAO-TONG jusqu'au Thibet et au Pégou, et qui embrassent le PÉ-TCHÉ-LI, le CHAN-SI, le CHEN-SI, le SÉE-TCHOUEN, et le YUN-NAN. Mais c'est surtout au nord-ouest de PÉ-KING que des naturalistes chinois et français ont observé le CHÉ-HIANG vivant; c'est là qu'ils ont comparé les récits des témoins oculaires, chasseurs de la montagne et veneurs impériaux. Voici les principaux résultats de leurs recherches.

Les Chinois distinguent deux espèces principales de porte-musc. La première, dépourvue de canines saillantes et en crochet à la mâchoire supérieure, se nourrit d'herbes odorantes; la seconde, armée de ces longues dents, accroche et coupe les branches les plus tendres des cyprès et des cèdres et de plusieurs arbres odorants indéterminés, et dont quelques-uns pourraient, dit-on, s'acclimater facilement en Europe, et surtout dans la France méridionale.

Les CHÉ-HIANG ne vont jamais en troupe, dans les endroits où il y en a le plus. Ils paraissent être monogames comme le chevreuil. Le mâle et la femelle errent ensemble ou se suivent, on les prend souvent dans les mêmes piéges. On chasse le ché-hiang au moment du rut, en octobre et en avril. Alors le paysan de la montagne lui tend des lacets souvent inutiles. Alors les hardis chasseurs gravissent en silence les sommets inaccessibles, où bientôt les sons de la flûte et surtout le chant joyeux des enfants amènent le cerf musqué à portée du fusil. Enfin les veneurs impériaux barricadent à grands frais les gorges de la montagne, et formant un cercle immense qui se rétrécit lentement, ils poussent peu à peu leurs victimes dans le filet. Dès que l'animal est pris on se jette sur lui, on sert fortement sa poche à musc avec une petite corde, et l'on obtient ainsi le parfum, sans perte, sans altération, avant qu'il se répande dans la chair. Le musc

nctueux des jeunes CHÉ - HIANG est inférieur au musc
renu des adultes, et surtout au musc compacte des vieux
nâles. Les chasseurs orientaux disent que cette substance est
lestinée à la défense du cerf qui la produit. Il arrête la poursuite de ses ennemis les plus redoutables, il les repousse en
rompant la poche à musc, dont l'homme lui-même ne peut
alors que difficilement supporter l'odeur. Ainsi, le caractère
distinctif du porte-musc est complétement représenté par le
signe chinois qui répond au mot ché-hiang; c'est avec raison
qu'on a défini cet animal *un cerf qui décoche le parfum des
plantes odorantes*. On voit combien l'écriture philosophique
des peuples de l'extrême Orient facilite l'étude des sciences
naturelles. Aussi quand il s'agira de présenter aux lettrés de
l'Asie les êtres inconnus chez eux que nous avons observés
dans le reste du monde, au lieu de désigner les animaux, les
plantes et les minéraux par des transcriptions phonétiques
inexactes et toujours insignifiantes, il faudra les représenter
par des caractères idéographiques, en prenant pour déterminatif le signe du genre et pour caractéristique le signe de la
faculté, de la propriété spéciale et dominante. Je reviendrai
sur cette assertion déjà émise dans *l'étude réciproque des peuples*, et je montrerai, par différents exemples, que le génie des
langues asiatiques et l'écriture philosophique de l'extrême
Orient offrent à l'enseignement des sciences européennes des
moyens puissants de simplification, de clarté et de propagation rapide.

GÉNRÉ BOS.

Le vocabulaire chinois ne contient aucun signe qui repre-
sente le bœuf à l'état sauvage, mais si le *Nieou, Bos domes-
ticus* n'est pas originaire de la Chine, il y est connu depuis
bien des siècles, car le taureau et la vache y sont désignés
par les onomatopées MEOU et MOU, racines très-anciennes
et très-fécondes dans les langues de première formation. Des
noms particuliers indiquent la dégradation naturelle des couleurs d'un animal passant de l'état sauvage à l'état domes-
que, c'est-à-dire le grand bœuf fauve, le noir, le mélangé, le
blanc.

Nous voyons aussi que les Orientaux ont étudié l'espèce bovine ; chez eux les phases que nous distinguons dans la vie du bœuf ont été désignées par des caractères particuliers. Il en est ainsi pour le veau né, récemment le veau qui n'a pas encore de cornes, le bœuf de deux ans que l'on commence à dresser, le bouvard, le bœuf de quatre à cinq ans qui a renouvelé quatre fois ses deux dents du milieu, enfin pour le vieux bœuf de huit ans.

Il y a un bœuf dont le poil est de différentes couleurs et qui a reçu le titre de LY, ou robuste, qui se confère au plus fort, au plus courageux de chaque espèce, au grand bélier noir dans l'espèce ovine, au dogue du combat, parmi les chiens. Le bœuf LY est le travailleur par excellence ; le signe qui le représente est un synonyme de *charrue, labourer, cultiver*, C'est le LY qui peut seul vaincre la résistance que lui opposent les terres fortes, les chemins difficiles et montueux de la Chine.

C'est lui qui traîne dans le champ sacré l'araire que le fils du Ciel conduit de ses mains impériales pour attester que l'art de l'agriculture, la propriété et la monarchie sont nés à la fois du premier sillon tracé par le révélateur CHEN-NONG. Il serait intéressant de comparer le LY à la race auvergnate de Salers, qui est, chez nous, la race éminemment travailleuse. Il serait bon de comparer aussi le TSO ou bœuf des montagnes de la Chine aux espèces montagnardes de la Suisse, de l'Écosse et de l'Irlande et de l'Allemagne méridionale. Le TSO est probablement un petit bœuf rustique, capable de subsister avec la chétive nourriture que lui procurent à grand'peine les laborieux cultivateurs qui ont porté la terre de leurs champs sur le flanc des montagnes arides. Cependant sa femelle pourrait bien, comme la vache irlandaise du Kerry, placée dans des conditions presque aussi défavorables, être une excellente laitière, égale ou supérieure sous ce rapport aux plus grandes vaches britanniques, et digne aussi d'être appelée la vache nourricière du pauvre.

Les Chinois ont un bœuf de grande taille qu'ils appellent MA et qui répond à la race hollandaise, et plus encore à cette race podolienne répandue sur un espace considérable de l'Europe orientale et des provinces voisines de l'Asie. La hauteur des jambes, la largeur des hanches saillantes, le chanfrein bas, les cornes très-longues et contournées en haut, le regard sauvage, la robe couleur gris de lin ou de chanvre sec (MA), sont des caractères constants et très-prononcés de cette race travailleuse et docile, probablement originaire de l'Inde, qui semble la patrie des bœufs les plus remarquables.

Geoffroy-Saint Hilaire a communiqué à l'Académie des sciences, une note concernant une autre espèce de bœufs des parties septentrionales et intérieures de l'Inde, qui présenterait une particularité fort extraordinaire dans la classe des mammifères. L'illustre savant s'est borné à démontrer la possibilité anatomique de l'anomalie dont ce bœuf serait l'exemple unique. Désigné sous le nom de Gaour par les habitants du pays, selon les personnes qui en ont écrit à Geoffroy, cet animal a les apophyses des vertèbres cervicales et dorsales tellement allongées, que, formant une saillie considérable le long de l'échine, elle donne à cette partie la forme dentelée d'un peigne ou plutôt l'un des côtés de la scie d'un prystobate. En chinois *kuu* ou *kouou* signifie une scie, et nous trouvons dans le vocabulaire un animal indéterminé qui porte ce nom, et si le gaour existe, il est très-probable qu'il n'aura pas échappé à l'attention des Tartares Mongols et des naturalistes de l'empire central. Il faudra voir si le bison des sportsmen de l'Inde anglaise, le bos gauras d'Hamilton, le bibos cavifrons d'Hodgson est le gaour de Geoffroy, ou s'il n'est plutôt le CHUN, bœuf haut de sept coudées, grand bœuf fauve aux lèvres noires.

Ne serait-ce pas le dernier représentant de cet auroch asiatique dont Pallas attribuait au buffle les nombreux débris fossiles?

Pour le buffle, *bos bubalus*, il y a deux noms HOUY-NIEOU et JONG; la différence des caractéristiques donnerait à penser que les deux noms se rapportent à deux variétés distinctes.

Dans le parallèle des deux ordres d'idées qui correspondent à l'époque du cheval et à celle du bœuf, nous trouvons des traces nombreuses du passage de l'état nomade et chas-

seur à l'état pastoral et agricole. Ainsi, dans l'époque primitive, le père de tribu, le patriarche, avait le même nom que
le cheval-chef, le cerf conducteur de horde, et ce nom *khun,
king,* se retrouve des bords de l'Atlantique à ceux de la mer
Jaune. Ce nom change avec la manière de vivre. Le MO ou
MO-TONG, pasteur des bœufs et des brebis, devient un MO-
NONG, un TSING-NONG, un TIEN-NONG, c'est-à-dire un
pâtre laboureur. Le signe *mo* prend la signification de mora-
liser, gouverneur ; le roi est chez les peuples de l'extrême
Orient comme chez les Hellènes, un pasteur des hommes, JIN-
MO, *cosmêtor laôn.*

Enfin l'emblème du commerce et du souci des choses matérielles, rangé sous la détermination du bœuf, termine le
cycle des transformations sociales, dont l'espèce bovine a été
le pivot, et la vie pastorale le moyen.

Ces transformations furent surtout accomplies à l'époque
où l'art agricole commença à prévaloir sur le soin des troupeaux à l'époque de la brebis.

Cette époque est très-voisine du commencement des temps
historiques, et l'analyse des caractères jette sur elle une vive
lumière.

Les fossiles des créations primitives, les médailles frap-
pées par les rois ne sont pas pour la cosmogonie et l'histoire
des témoins plus fidèles que la plupart des caractères de la
classe YANG pour cette antique période. En les étudiant
nous trouvons à chaque pas des traces de l'adoucissement des
mœurs et de l'essor rapide que les arts utiles et les inventions
graphiques de FO-HI imprimèrent à la civilisation naissante.

GENRE CANIS.

Lorsque la géologie n'existait pas, les philosophes qui voulaient pénétrer le mystère de l'origine des choses ne pouvaient que s'égarer dans le champ sans limite des hypothèses.
Aujourd'hui les historiens et les naturalistes s'égarent de la
même manière, lorsqu'ils cherchent à deviner quand et comment l'espèce humaine établit son empire sur la terre. Il est
impossible, en prenant pour base unique l'état actuel, de

ressaisir par un effort d'imagination ce qui a dû être ; d'établir par le raisonnement ce qu'il y a de plus probable. Plusieurs fois la face du monde a été renouvelée, la seule chose qui n'ait pas changé, c'est la nature de l'homme, c'est la loi divine qui règle les rapports de la pensée avec les formes qui la représentent. Étudiez dans ses développements ce verbe par qui tout a été fait, groupez par ordre chronologique et par ordre de matières les mots dispersés dans les vocabulaires des différents peuples, demandez à la *logotomie* le sens complet et profond de chaque forme vocale ; interrogez les symboles graphiques où l'homme des premiers âges a déposé le trésor de ses traditions, alors vous aurez en votre pouvoir des documents inépuisables, et vous contemplerez le merveilleux tableau de l'enfance du globe et de l'humanité.

L'étude du genre *Canis* nous offre plus d'une preuve de cette vérité.

Comment l'homme, dit Buffon, aurait-il pu, sans le secours du chien, conquérir, dompter, réduire en esclavage les autres animaux? Comment pourrait-il encore aujourd'hui découvrir, chasser, détruire les bêtes sauvages et nuisibles? Pour se mettre en sûreté, pour se rendre maître de l'univers vivant, il a fallu commencer par se faire un parti parmi les animaux, se concilier, avec douceur et par caresse, ceux qui se sont trouvés capables de s'attacher et d'obéir, afin de les opposer aux autres. Le premier art de l'homme a donc été l'éducation du chien, et le fruit de cet art, la possession paisible de la terre.

Voilà une opinion très-plausible et qui devait naturellement se présenter à un bon gentilhomme, expert en vénerie, possédant un équipage de chasse.

Il lui semblait indispensable d'avoir un limier pour découvrir la bête, des piqueurs pour accompagner les chiens, piquer à côté d'eux, les animer, les aider sur le change, sur un retour, tâcher de relever le défaut. La chasse se présentait à l'esprit de M. de Buffon, comme un art noble et dispendieux, réservé aux plus nobles des hommes, supposant un appareil royal, des chiens, des chevaux, des valets, tous exercés, stylés, dressés. Au mot de chasse, répondait toujours

le même tableau : Un cerf poursuivi par deux cents chiens
puis des cavalcades d'amazones échevelées courant à toutes
brides par les vertes allées de chênes, escortées de leur ga-
lant cortége de veneurs aux brillants uniformes, franchis-
sant, à l'envi l'une de l'autre, fossés, roches et troncs d'arbre, pour arriver les premières à la mort, à la curée, pour
voir le cerf sur ses fins, mutilé, éventré par le couteau, dévoré
par la meute hurlante, au bruit des fanfares du cor et de
l'halali triomphal.

La chasse des temps primitifs ne ressemblait en rien à ce
jeu dispendieux et barbare.

Le chien était inutile aux compagnons de Nemrod et aux
Mongols de l'Asie centrale. Les chasseurs de l'Amérique du
Nord n'ont pas eu besoin de chien pour chasser le bison,
l'ours et le castor.

La chasse pour l'homme à demi sauvage était une guerre
incessante et terrible. La chasse devait renouveler la face du
monde, préparer par les immenses incendies du CHEOU des
contrées entières aux migrations du pasteur et aux travaux
de l'agriculteur.

Il n'était pas difficile alors de trouver la proie. Les grands
herbivores, largement nourris par les produits d'une végétation
puissante, couvraient au loin le sol de leurs armées. L'Afrique australe peut seule, aujourd'hui, nous donner une idée
approximative de l'état du monde à cette époque reculée. Dans
un ouvrage trop peu répandu, Adolphe Delegorgue, compagnon de Valhberg, le tueur d'éléphants, nous dit : « Je che-
» minai six journées sans que mes bœufs trouvassent à saisir
» le moindre gazon. C'était l'hiver, tout avait été tondu par
» les gnous et les couaggas, dont la bouche et les dents rasent
» littéralement la terre, et pas un pouce de terrain n'existait
» sans porter l'empreinte d'un pied. » Derrière ces troupeaux
d'herbivores venaient autrefois des meutes redoutables de
carnassiers, des loups, des chiens sauvages, des hyénoïdes,
des animaux féroces que l'homme a détruits à grand'peine
et qui n'ont pas de nom chez les peuples de l'Occident.

La rareté du gibier n'avait pas encore forcé les grands
carnivores à se disperser, à se partager le sol en petites pro-

priétés bien distinctes et gardées avec un soin jaloux. Au contraire pour se défendre contre les caniens, pour attaquer le cercle redoutable, la forteresse vivante des buffles et des grands sangliers, pour arriver à portée du daim vigilant et léger, pour combattre les grands pachydermes isolés; les tigres et les lions étaient obligés de se réunir en bandes formidables.

Aujourd'hui encore, ils agissent ainsi dans l'Afrique australe ; écoutons le témoignage des auteurs que j'ai déjà cités : « Pendant l'hiver, le jour voit fréquemment les lions réunis » en cordons, qui cernent et rabattent le gibier vers des gor- » ges, des défilés et des passages boisés, enlacés et difficiles, » où sont postés quelques-uns de leurs acolytes. Ce sont des » battues faites en règle, mais sans bruit, où les émanations » des lions qui rabattent du vent sous le vent, suffisent pour » contraindre au départ les herbivores qui les recueillent. Une » fois, à deux reprises, en quelques minutes d'intervalle, nous » tombâmes au centre d'une ligne de semblables traqueurs, » vingt d'abord, trente ensuite. Un rhinocéros paraissait » surtout l'objet de leur convoitise. » Maintenant représentez-vous la horde des Scythes primitifs à la poursuite d'un troupeau de cerfs ou d'argalis, et tombant dans l'embuscade des lions, des tigres, ou dans celle des SOEN-NY et des HIEOU, plus redoutables encore, et dites si la terrible bataille que l'homme à demi sauvage devait livrer sans avoir d'autres armes que l'épieu, la hache de pierre et la lance à pointe de silex, ressemblait aux ébats de la chasse princière.

Il existe au sujet de ces guerres un détail très-intéressant.

Parfois, nous disent les antiques traditions, le ciel semblait prendre pitié de ces braves chasseurs, les dieux faisaient tomber à grand bruit du haut des nues des pointes de flèches, des marteaux, des doloires, des bipennes, d'une substance noire, dure, inconnue à la terre. Jamais ces armes célestes ne trahissaient le courage de l'homme et rien ne résistait à leur tranchant ou à leur pointe acérée. Si l'on en croit un roman chinois du temps des TANG, il y avait encore à YU-MEN-Si, un grand MIAO, chapelle consacrée au génie du tonnerre, où l'on demandait au forgeron divin de laisser

tomber sur la terre les *pierres de la foudre*. « De nos jours,
» dit KANG-HI, les MONGOULTS errants des côtes de la
» mer orientale et ceux des environs du CHA-MO s'en ser-
» vent en guise de cuivre et d'acier. Il y a de ces pierres qui
» ont la figure d'une hache et d'autres celles d'un couteau;
» quelques-unes sont faites en maillet. Ces pierres de foudre
» sont de différentes couleurs ; il y en a de noirâtres, d'au-
» tres qui tirent sur le vert. » L'empereur naturaliste exa-
mina avec soin ces pierres, car il regardait comme une fable
ridicule cette assertion qu'elles étaient tombées des cieux.
Pour lui, « elles ne sont que des métaux, des minéraux que
» le feu du tonnerre a métamorphosés en les fondant subite-
» ment et en unissant inséparablement différentes substan-
» ces. Il y a de ces pierres où l'on distingue sensiblement
» une sorte de vitrification. » Quel philosophe, quel naturaliste reconstruisant dans sa pensée les annales du monde primitif, aurait trouvé ce fait et soupçonné que les aérolithes
avaient facilité à l'homme la conquête de l'univers vivant!

L'espace me manque ici pour raconter cette merveilleuse
conquête, pour produire des documents, des monuments
authentiques, pour dire les noms oubliés des premiers héros.
Ailleurs je reconstruirai cette histoire, j'en vais indiquer les
époques principales :

I. Guerre des féliens et des ours contre l'homme troglodyte,
armé de l'épieu et du casse-tête. — II. Guerre des grands
oiseaux rapaces contre l'homme armé de l'arc et de la fronde.
—III. Guerre des reptiles des plaines à demi inondées contre
l'homme armé du feu, de la harpé et de la pique d'airain.—
IV. Domestication en Orient, du cheval, du bœuf, de l'argali
et du sanglier; en Occident, du mouton, du sanglier, du
bœuf et du cheval. — V. Domestication du chien.

Cet ordre de faits est l'inverse de celui que l'on avait ima-
giné. Cependant, *à priori*, il y a quelques arguments en sa
faveur. La plus nombreuse, la plus courageuse et surtout la
plus intelligente de toutes les espèces carnivores devait résister plus longtemps que les autres animaux. Les lions et plusieurs autres féliens de grande taille, les ours des montagnes,
les alces, les aurochs ont entièrement disparu du sol européen,

tandis que les loups, les renards vaincus et dispersés ne sont pas encore anéantis. Avant de devenir les alliés, les compagnons, les amis de l'homme, les Caniens furent pour lui de rudes adversaires. Plus d'une fois le chasseur isolé fut chassé et dévoré par la meute sauvage. Il fallut du temps pour distinguer parmi plus de cent espèces canines, celles qu'il était possible d'apprivoiser. La superstition vint aussi retarder la domestication du chien.

Si l'intelligence des Caniens nous étonne aujourd'hui, combien cette intelligence devait paraître merveilleuse à l'homme des premiers âges? Pour la haute antiquité le chien sauvage, le loup, le renard n'étaient pas des animaux ordinaires, mais des esprits du mal, des alliés du démon, des sorciers qui avaient pris pour mieux nuire une forme bestiale. Cette impression subsiste pendant bien des siècles; les services éclatants, le dévouement absolu du chien, n'ont pas encore fait oublier en Orient la haine que l'on portait à ses pères. Chien est toujours synonyme de profane, de maudit et d'impur. On comprendra cette longue rancune de notre espèce quand on saura ce qu'était le chien primitif.

Les prototypes de Caniens sont des animaux formidables, entourés par la terreur de sombres légendes. A leur tête est le NGAO, chien haut de quatre coudées, et souvent confondu avec un animal symbolique, analogue au martichoras des Perses.

Au second rang marche le chef du genre Vulpes, l'OUAN-YEN, renard de huit pieds de long. A ses côtés se presse la foule des renards, HOU-LY. Les renards, suivant la naïve croyance des peuples de l'Asie orientale, ne sont pas nés comme les autres animaux de la terre fécondée par la parole de l'Être suprême, CHANG-TI, mais ils sont des démons incarnés, fils de la courtisane HOU-LY, célèbre dans la mythologie primitive par sa beauté, sa ruse et sa perversité. Changée par le Ciel en renarde, HOU-LY peupla la terre d'animaux gracieux et perfides; elle devint comme la LILITH des traditions hébraïques, la mère de la reine des esprits succubes, des diablesses HOULY-TCHING. Ces HOU-LY changèrent de caractère en changeant de climat, converties à l'Islamisme, montées au paradis de Mahomet, elles y sont aujourd'hui des vierges célestes, les houris, éternelle récompense des vrais croyants. La famille des renards n'est pas tout entière parvenue à ces hautes destinées ; le NA, petit renard, *l'habile à s'insinuer*, est comme la HOU-LY ordinaire, le fléau des basses-cours ; une espèce plus faible et plus timide est réduite à se nourrir de souris.

Or, il y avait encore des animaux assez semblables d'aspect au renard, mais plus forts et plus courageux. Les uns, de taille supérieure, chassaient le cerf au pied boisé des montagnes; combattaient les grands carnivores; disputaient au pasteur ses troupeaux encore indociles, au pêcheur les poissons que le filet venait d'enlever. Les autres plus petits encore que le renard ordinaire étaient des ennemis que leur audace et leur nombre rendaient aussi redoutables. Ces animaux avaient reçu le nom de NGAN, onomatopée qui représente leur cri et devint un des symboles du mal. L'homme primitif se détournait avec une crainte superstitieuse des cavernes profondes qui servaient de repaires aux meutes voraces des NGAN, et même des terriers creusés dans les plaines, par leurs griffes aiguës. Ces cavernes étaient les portes de l'enfer; les gémissements des damnés en sortaient parfois, dominés par les hurlements plaintifs et terribles de leurs féroces gardiens.

La langue chinoise a conservé la trace de cette profonde impression. NGAN, NGAN-LY sont encore synonymes de prison et de geôlier. Le caractère NGAN-YO qui représente l'enfer est composé du signe médial YEN, paroles, cris, accosté de deux figures de chien. Cette image nous rappelle le Cerbère grec, la queue infernale de l'Orcus et ces aboiements de la matière dont parle Synésius.

Aussi, quelle admiration, quelle reconnaissance inspira le héros qui put montrer le premier un NGAN dompté, retenu par une longue chaîne à l'entrée de la grotte du pasteur ! L'animal captif empêchait les argalis et les boucs indociles de sortir de l'étable, il éloignait les bêtes féroces par des cris de colère, il écartait les NGAN sauvages par le spectacle de sa captivité. Vaincu par la patience de l'homme, adouci par les bons traitements, le NGAN s'accoutuma à reconnaître la main qui lui présentait sa nourriture. Il reporta sur son maître l'affection passionnée qu'il aurait eue pour ses frères, il lui voua une obéissance aveugle qu'il aurait accordée au chef de la meute sauvage. Dès ce jour seulement la conquête de l'univers vivant fut complète. L'homme eut des adversaires à opposer aux espèces canines demeurées sauvages, il put combattre et chasser le HEOU, friand de chair humaine, le TSAY-LANG ou LANG, loup commun, le PO, loup blanc. Le NGAN n'existait plus, il était devenu le KUEN, le compagnon, l'ami du maître de la terre. Le grand NGAN est-il le père du KUOEN, ou chien de haute stature? le NGAN moyen, le père du KEOU, chien de médiocre grandeur? le petit NGAN, la souche du petit chien OUO? Les proportions variables du *canis familiaris* doivent-elles être attribuées à l'influence de la civilisation ou bien sont-elles le résultat d'une origine différente?

Pour résoudre cette question il faudrait étudier les chiens sauvages de la Chine, les comparer avec soin aux chiens sauvages de l'Asie orientale, qui tous ont la tête allongée, le museau pointu, les oreilles droites, la queue très-touffue, le pelage d'un roux gris ou ferrugineux, et par là présentent cet aspect de renard que les Chinois attribuent au NGAN.

Le *wah* des montagnes de l'Himalaya, le *quao* des montagnes de Rangsbor, dans l'Inde, le chien de Sumatra, le *dhol* indien ne sont peut-être pas des chiens domestiques redevenus sauvages. Cette étude demandera des observations délicates et nombreuses, car la facilité de domestication est, en général, le signe distinctif des bêtes qui retournent à l'état sauvage après avoir subi l'influence de l'homme, et cette facilité se rencontre quelquefois chez des espèces canines ayant conservé la liberté, puisqu'il existe plusieurs exemples de loups apprivoisés, dociles et fidèles comme des chiens.

C'est aussi en observant de plus près les huit espèces du genre *canis* signalées dans ce chapitre, qu'on pourra y trouver des analogies du chacal, du culpeu, qui n'est pas encore bien déterminé; dire lequel des petits loups chinois est le corsac, l'adive du temps de Charles IX, l'isatis de Buffon, le karagan à la fourrure précieuse.

La division établie par les Chinois, pour les trois races canines, ressemble assez à celle que M. H. Smith a récemment proposée pour les deux sous-genres des *canidæ* en *canes feri*, *canes familiares* subdivisés en *canes lachinei, laniarii, venatici, sagaces, domestici* et *urcani*. Voici la synonymie de la nomenclature orientale :

CHÉOU-KUEN, mâtin, chien de basse-cour.

TIEN-KUEN, HIE, TSIO, HIAO, chiens de chasse.

KOUEN, Y, HIAO, KANG, dogues de force race.

NAO-SSE, TSENG-NENG, épagneuls, chiens à longs poils.

NAO, griffon ou barbet, chien aux poils longs, sales et fétides, analogue peut-être au *canis nubilus* ou loup odorant.

MANG, chien au poil épais.

Les chasseurs orientaux ont reconnu comme les nôtres, chez les chiens de chasse des aptitudes diverses, indiquées par la forme du museau. Le LIEN au museau allongé, le HIAO au museau court, sont destinés à des emplois différents.

Un autre HIAO, grand chien fauve et sauteur, ressemble sans doute à notre lévrier. Le chien savant, le chien d'agrément HIA, *canis jaculator, canis ludere doctus*, est le signe graphique du jeu, des caresses, de l'affection et de la plaisanterie. Ce chien est-il d'une race particulière et d'une intelligence supérieure, ou bien le titre de **HIA** est-il accordé à tout chien dressé à faire des tours d'adresse ?

Enfin une espèce inconnue en Europe, le chien alimentaire CHI-KUEN. *Canis tantum modò ad vescendum aptus, ideò vel sacrificatur vel comeditur*. Le genre *canis* offre, comme on le voit, un vaste champ d'étude aux naturalistes européens qui ne connaissent encore de tant de races canines que le dogue du Thibet et le *canis familiaris sinensis*, grand chien-loup, noir, lourd et trapu. Il sera curieux de bien constater les rapports qui pourraient exister entre les trois variétés du chien sauvage et les trois grandes divisions du chien domestique, de voir si le CHI-KUEN ou chien alimentaire n'est pas le descendant de son synonyme le KÉOU-HOUAN. *Animal parvo cani simile et pingue*.

La langue chinoise indique une tendance à résoudre la

question d'une manière affirmative. Cette tendance est digne de remarque chez un peuple qui a des chevaux et des chats à oreilles pendantes, des chiens savants, acteurs et saltimbanques, des chênes et des ormes antiques artificiellement réduits aux proportions du plus petit arbuste. Un tel peuple ne pouvait pas nier le pouvoir de l'homme sur la forme et le caractère des êtres inférieurs ; cependant il y a quelque répugnance à croire que le vigoureux CHEOU-KUEN, le chien qui s'est montré digne des titres de grand, de vaillant, de bondissant sur l'ennemi, le mâtin courageux et fidèle, mais plus fort qu'intelligent, soit issu du même père que le léger TSIO, le petit OUO, l'adroit et joyeux HIA, et surtout que le stupide CHY-KUEN, engraissé pour la table et le sacrifice.

Une opinion que les Orientaux considéreraient aussi comme une contre-vérité, est celle qui attribue à la domesticité le développement de la faculté d'aboyer. Cette faculté est au contraire plus puissante chez les Caniens sauvages qui chassent en troupes et forcent le gibier à la course.

Sans la voix, il leur serait impossible de diriger, de concerter, de changer à chaque instant la direction de la meute, de déjouer les ruses du gibier. Depuis Buffon, on néglige ce fait général et l'on dit :

L'oiseau des bois ne fait entendre son chant mélodieux que dans les climats civilisés de la zone tempérée, dans les contrées où la musique est en honneur. Les meutes dociles des chiens courants ne font retentir leur voix que dans les régions fortunées où l'on cultive le grand art de la vénerie. N'est-ce donc pas l'influence, l'exemple, le voisinage de l'homme qui ont donné au rossignol et à la famille harmonieuse des sylvies les tendres accords et les savants concerts. N'est-ce pas l'homme qui a enseigné au chien la science de la chasse à courre et qui lui a appris à faire de sa voix un usage intelligent ? Étrange illusion de notre vanité ! Si le roi de la terre peut perfectionner les êtres soumis à son empire, il n'y a pas encore songé. Il a enlevé à la fleur sa grâce sauvage et sa fécondité, il a changé en boules vivantes de chair et de graisse, en masses inertes des animaux intelligents et forts. Il a fait du taureau un bœuf gras, du sanglier coura-

geux un ignoble pourceau, du vigoureux et léger argali un
mouton stupide et pesant. Le maître est parvenu à désarmer,
à abrutir ses esclaves, à en tirer la plus grande quantité possible de viande de boucherie. Si la servitude ne peut produire aucune amélioration véritable, comment aurait-elle
pu créer des facultés et des puissances nouvelles? Le voisinage de l'homme suffit pour paralyser l'intelligence des
animaux. Dans notre espèce elle-même, les races supérieures tuent les inférieures par le seul contact.En Amérique,
la présence de l'agriculteur blanc a détruit à la fois les villages de l'Indien et les républiques du castor. Les animaux ne
développent toutes leurs ressources que dans les solitudes
profondes où ils croient échapper au regard de l'homme.
C'est là qu'il faudrait étudier les caniens comme Delegorgue
et Valhberg ont étudié les lions et les éléphants de l'Afrique
australe.

Ainsi que le NGAN et le loup des prairies américaines,
canis latrans, le modeste chien courant pourrait se passer des
veneurs, des cors et des piqueurs. La voix du vieux meneur
de meute suffirait parfaitement pour désigner l'animal poursuivi, pour indiquer tour à tour le lancer, le bien aller; pour
relever le défaut, pour donner le signal du combat quand la
bête fait tête, pour convier les frères attardés à la joyeuse
curée. Le mutisme du chien est l'œuvre de l'homme. C'est
l'homme qui a rendu muet le chien des régions arctiques en
le changeant en bête de somme. C'est l'homme qui a rendu
presque muet le chien de garde. Que ferait la pauvre bête du
noble langage de la chasse à courre? Portier ou geôlier, le
dogue ou le mâtin n'ont plus à faire entendre à leurs frères
et au maître qu'un seul cri : alarme! Contre le voleur, le va-
gabond, le mendiant, le suspect, ils n'ont qu'un seul cri : au
large! Le vocabulaire de tout factionnaire se réduit à ces deux
mots. C'est l'homme qui a rendu muets le loup et le renard,
en leur enlevant par la raison du plus fort, la propriété des
forêts et l'exercice du droit de chasse. Poursuivis, traqués,
proscrits, condamnés à la vie solitaire, les anciens tyrans des
bois ne peuvent plus mener le train des grands veneurs. Le
joyeux compère le loup est devenu un braconnier farouche

et silencieux. Maître renard aussi garde le silence, quand il se glisse comme l'adroite Gipsy, dans la basse-cour mal gardée. C'est encore l'homme qui a réduit le chien d'arrêt au mutisme. Partout c'est l'esclavage qui rend muet, c'est la liberté qui développe les nobles facultés du sentiment, de la pensée et du langage.

Cette relation est bien établie dans le genre canis.

Le pauvre chien couchant retrouve la voix dans ses rêves qui le transportent dans un paradis semblable à celui des Peaux-Rouges, dans une merveilleuse terre de chasse, où libre et joyeux, il poursuit le gibier, suivant les lois de la nature, et non plus suivant le mode absurde que lui avaient imposé le fouet, les pointes du collier de force et la crainte du plomb meurtrier. Que trois loups se réunissent pour une entreprise hardie, que deux renards s'entendent pour saisir un lièvre, ils retrouvent immédiatement le cri de la chasse. Tout chien muet peut recouvrer la voix en écoutant ses frères, il peut même apprendre le langage des espèces voisines.

« On apprend à hurler, dit l'autre, avec les loups. »

Or, le hurlement n'est pas une forme inférieure du langage canin, dans lequel il est à l'aboiement ce que dans la parole humaine, les langues holophrastiques sont aux monosyllabiques. Je signalerai à ce sujet un fait extrêmement curieux.

Une vieille tradition, considérée aujourd'hui comme une plaisanterie, nous enseigne qu'autrefois le langage des animaux était intelligible à l'homme. Cette tradition, que plus d'un chasseur serait peut-être disposé à admettre en partie, est tellement regardée dans l'extrême Orient, comme une vérité incontestable, que la langue canine a sa place dans le vocabulaire chinois. Sous la seule clef KOUEN, quinze onomatopées représentées par autant de caractères particuliers ne désignent que des cris de chien.

Voici la liste de ces étranges radicaux dont chacun a de nombreux dérivés. Nos lecteurs y ajouteront facilement la nuance particulière, l'accent que l'écriture occidentale ne peut indiquer.

NGAN. Aboiement guttural du chien sauvage.

Racine du mot KANG, KAN, racine commune au chinois et au latin can-is.

YN, Y, KY. Cris de bataille, grincement de dents de deux chiens qui se battent, qui luttent dressés l'un contre l'autre et cherchent à se prendre à la gorge.

HEN. A peu près le même cri de colère, de haine furieuse.

HAO. Grand cri d'appel et de poursuite, voix du chien courant.

TEOU, OUO. Aboiement du petit chien, rappelant le terme familier toutou.

HAN. Grands aboiements, cris des grands chiens qui poursuivent un animal redoutable, racine ayant de l'analogie avec le HUND des Allemands.

OEY. Aboiements importuns d'un chien de petite ou de moyenne taille.

HIA. Cris plaintifs, vagissement du chien nouveau-né, cri du chien qui caresse son maître en pleurant de joie.

HIE, HIAO-HIAO. Concert de la meute, dans le bien aller.

HIAO (avec l'accent Λ). Cris de rage et de terreur des grands chiens qui combattent le tigre.

TSAN. Aboiement joyeux du chien qui poursuit le lièvre.

A la plupart de ces mots est attachée l'idée d'un mouvement, d'un geste. Il n'est pas facile aux Occidentaux de se représenter ces valeurs complexes. Ainsi, chez les Arabes le mot AOUA ne représente pas seulement un aboiement, mais encore l'action du chien, qui, fuyant devant l'homme, s'arrête, ramène sa tête vers sa queue et ainsi replié sur lui-même et tout prêt à détaler, fait entendre un hurlement plaintif et menaçant. Il rappelle aussi la voix des chacals, qui, après avoir dormi le jour, parcourent la campagne pour chercher leur proie tous ensemble. Car alors, pour ne pas trop se disperser, ils font entendre continuellement un cri lugubre, ayant quelque analogie avec les hurlements d'un loup et les aboiements d'un chien, et pouvant se transcrire ainsi : *oua, oua, oua.* Aussi chez les Arabes hurler l'*aouà,* est un terme bien autrement injurieux que ne l'est chez les Français son dérivé incompris et vague *faire avanie.* Les inductions logotomiques de ce genre seraient nombreuses.

Lorsque nous considérons la ressemblance des mots chinois KUEN, KANG, NGAN et CHY avec le grec KUON, le latin CANIS, le celte CHIEN, nous sommes porté à croire que le chien a été dompté dans l'extrême Orient, tandis que le nom sémitique du chien, nom que les Arabes prononcent encore correctement, CLAB, a la même origine que nos mots clabaud, clabauder, glapir, et pourrait donner à penser que le chien de l'Asie occidentale a des affinités originelles ou des alliances fréquentes avec le chacal.

En comparant aux chiens européens les 16 races orientales domestiques, et les 10 caniens que je viens de signaler, en étudiant les mœurs du NGAN et des chiens sauvages de l'Inde et du Thibet, on découvrira l'origine du *chien,* son itinéraire sur le globe, l'histoire de ses rapports avec l'espèce humaine.

GENRE URSUS ET GENRE FELIS.

Sous le même déterminatif que les Caniens se trouvent rangés dix mammifères sans nom dans les langues européennes ; je tâcherai de les classer en traitant, à la fin de ce travail, des nombreuses espèces que l'Occident ignore et qu'il est difficile de déterminer.

Je vais dire quelque mots des principaux ennemis contre lesquels le pasteur et le NGAN, devenu son ami fidèle, défendirent le bercail.

Au premier rang de ces infatigables assiégeants étaient les ours HIONG, le grand ours KIA, le ME aux larges oreilles, à la fourrure imperméable, le plus terrible des carnivores, le petit ours TOUY, animal au poil fauve et court. Le TOUY, supérieur en intelligence à ses congénères, était à l'égal des chiens sauvages et des renards HOU-LY, redouté comme un esprit du mal, comme une âme coupable et malheureuse; altérée de vengeance et devenue la sœur adoptive des sinistres génies de la montagnes.

Puis venaient les Féliens, et à leur tête le grand léopard HIEOU, les PY et les PAO, panthères et tigres de moyenne taille. Au sujet de cette race féline, combien de questions se présentent? Quels peuvent être ces lions appelés SOEN, SSE, CHY, SSE-TSE, NY, SOEN–NY? Retrouverons-nous parmi eux les analogues de nos lions occidentaux, le lion de l'Atlas, le grand lion dont la crinière noire et crépue couvre les larges épaules, le lion fauve et à demi-crinière du Sénégal, le lion rougeâtre et presque sans crinière de Guzerate, les lions sans crinière de l'Amérique? Le SOEN chinois n'est-il pas de moyenne taille, fort et crépu, ayant un peu la tête de dogue des lions de l'Afrique australe? Le LING est-il une espèce de lynx ou bien un petit tigre rayé, ne différant du HOU que par la stature? N'est-ce pas à tort que les vocabulaires nous représentent le TSEOU-YU, aux taches noires comme une sorte de tigre? n'est-ce pas plutôt une grande hyène mouchetée, car le TSEOU-YU passe pour se nourrir exclusivement de la chair des animaux que frappe une mort naturelle? Son nom est le symbole de la circonspection, de la longue attente, d'un sacrifice offert au retour de la cérémonie funèbre. Bien que le tigre ait rencontré dans le SOEN-NY, le HIEOU et même dans le cheval sauvage des ennemis capables de le vaincre, c'est toujours le tigre qui est, en Orient, le plus terrible ennemi de l'homme, et cela, depuis les siècles où les troglodites, sortant au point du jour des cavernes barricadées de pierres et d'épines, s'adressaient l'un à l'autre le cri, devenu une salutation incomprise et banale : VOU, HOU? Point de tigre? Comme le langage du chien, le langage du tigre est entré dans la composition des idiomes chinois ; en voici les radicaux tous aussi fidèlement imitatifs que celui qui désigne le chat : MIAO.

HOU, rugissement du tigre, onomatopée qui est le nom de l'animal.

OU, rugissement moins fort, poussé par le tigre OU-TOU.

HUEN, cri de rage de deux tigres qui s'entredéchirent. Synonyme du YEN des chiens furieux.

HIAO, cri d'amour, avec des accents différents, cri du tigre affamé. Son correspondant a un caractère qui montre un HOU en face des Caniens, rugissement de colère, cri de bataille.

LANG, cris prolongés, sorte de hurlement rappelant ceux du loup.

HAO, grand cri d'appel, représentant tantôt lesgé misse-ments, les clameurs des victimes que le tigre emporte en rugissant, tantôt le nom glorieux d'un héros qu'on appelle à l'aide contre la bête féroce.

Les personnes qui ont entendu, le soir, la voix du tigre captif de nos ménageries, sauront quelle forte et profonde aspiration est figurée ici par la lettre H dans cette transcription imparfaite. Quand la *Graphonomie* reproduira fidèlement les cris des animaux, on pourra souvent imiter verbalement les sons figurés, et il sera toujours facile de s'en faire une idée exacte. Le rôle important rempli par le tigre, dans l'histoire du monde primitif, est attesté par la langue chinoise ; le caractère HOU est entré dans la composition d'une foule de mots qui veulent dire : ingrat, traître, féroce, perfide, vain, perte, dommage, ravir, faire esclave, couper la chair en petits morceaux. Qu'il me soit permis de montrer, par une courte citation, quelle terreur l'apparition du tigre répand dans les campagnes et jusqu'au sein des villages fortifiés contre ses attaques.

« Les grues au long bec et aux longs pieds n'avaient pas
» encore quitté les rives fleuries du KIANG pour aller pêcher
» dans les rivières de Tartarie ; déjà la fertile plaine de
» CHUN était parée de toutes les beautés du printemps ; les
» moissons, près de monter en épis, étaient pleines de la-
» boureurs légèrement vêtus, et les jeunes filles qui cueil-
» laient des feuilles de mûrier, mêlaient leurs voix aux
» tendres ramages des oiseaux. Tels que ces tonnerres subits
» qui fendent tout à coup la nue avec l'éclair, et font re-
» tentir les vallées d'horribles et longs mugissements, tel
» paraît dans le lointain un tigre énorme blessé par des
» chasseurs. Ses yeux étincelants, sa gueule ensanglantée,
» ses élans impétueux présagent partout le carnage et la
» mort. Mille voix réunies ne font qu'un long cri, là terreur
» le répète ; l'animal homicide s'en irrite et s'avance avec

» plus de furie, tout fuit et se cache. L'œil suit à peine la
» course rapide de la bête féroce. Fossés ni haies, rien ne
» l'arrête, il est déjà à l'entrée du petit village de LOU. Les
» chiens poussent de longs hurlements, s'attroupent et bar-
» rent le passage à leur terrible ennemi ; faible barrière,
» son rugissement seul les écarte, et il déchire ceux qui lui
» résistent, comme un vautour affamé déchire la colombe
» qu'il a surprise dans les airs. — Un petit garçon de six ans
» se jouait avec son moineau sur le seuil d'une porte, le
» tigre s'élance pour dévorer l'enfant au moment où la mère
» se courbait pour l'emporter. Que peut-elle faire pour sau-
» ver son fils ? Seule, sans armes et glacée d'effroi, elle n'a
» que sa tendresse et un instant... O miracle de l'amour
» maternel ! cette mère intrépide se jette sur le tigre com-
» me un loup sur un agneau, enveloppe, embarrasse la tête
» du monstre dans sa robe et la maintient contre terre, mal-
» gré les griffes qui la déchirent et font ruisseler le sang.
» L'enfant que le péril de sa mère a rempli de courage, lui
» arrache sa longue aiguille de tête, l'enfonce à plusieurs
» reprises dans le flanc de l'animal et lui perce le cœur...
» Des gens armés accourent de toutes parts, mais le tigre est
» déjà sans vie. La pauvre mère en croit à peine ses yeux,
» elle oublie ses blessures pour prendre son fils dans ses
» bras. L'enfant, ivre de joie, lui rend tous ses baisers. —
» Quelle vallée dans tout l'Empire ne retentit pas du nom
» de LIEOU-SONG ? quel écho ne l'a répété mille fois ? Les
» campagnes n'eurent pas assez de fleurs pour les guirlandes
» dont on orna sa porte, les pauvres furent riches pour lui
» faire des présents ; toute la province lui donna une fête,
» et cette inscription que l'Empereur voulut écrire lui-même
» apprendra à tous les siècles combien elle a illustré le nô-
» tre : Les tigres ne viennent pas dans nos villes. Jamais les
» mères n'y pourront signaler leur tendresse comme LIEOU-
» SONG. Hélas que de vices encore plus redoutables que ces
» animaux sanguinaires menacent sans cesse les enfants et
» leur ôtent l'innocence plus précieuse que la vie. O mères !
» ô mères ! défendez-en leur ignorance. S'il faut pour cette
» œuvre plus de tendresse et de courage que pour terrasser

» les tigres, la gloire aussi en est plus grande et le triomphe
» éternel. » (KOU-KIN TOU-CHOU, liv. 329.)

Cette pensée est-elle d'un barbare? Quand l'Europe, délivrée de l'orgueil souvent puéril d'une grandeur naissante, quand la Chine, guérie de l'infatuation de ses anciennes splendeurs, voudront s'étudier réciproquement, quelles conquêtes fera la science! Dans le seul domaine de la zoologie on rencontre à chaque pas des preuves de cette vérité.

Si les Occidentaux avaient accordé quelque attention aux renseignements que leur prodiguaient les savants initiés aux langues de l'extrême Orient, ils auraient pu connaître bien plus tôt l'existence des énormes quadrupèdes enfouis sous les glaces des régions circompolaires. L'Europe aurait su, avant 1779, qu'il existe à l'embouchure des grands fleuves de l'Asie boréale des îles entièrement formées des débris du mammouth, des charniers de géants où les défenses d'éléphants sont si nombreuses qu'elles y sont l'objet d'une sorte d'exploitation commerciale. On aurait appris que cet ivoire du nord offre à l'industrie et aux arts des qualités supérieures à celles de l'ivoire indien. On n'aurait pas été surpris de trouver dans un parfait état de conservation des animaux enterrés depuis des milliers d'années, car on aurait su que les colosses trouvés par les Sibériens et les Chinois semblaient frappés d'une mort toute récente, et que, loin d'avoir quelque répugnance à manger de leur chair, les Orientaux lui attribuaient, depuis les siècles les plus reculés, une influence favorable sur la santé. L'examen des caractères et des mots qui représentent le FEN-CHOU de l'Asie boréale pouvait, d'une manière utile, éveiller et diriger l'attention ; car ils désignent un animal *velu, fouisseur, de taille supérieure,* un animal *de grande valeur,* et, par synonymie, un animal terrassé, *subversus et fugitivus,* (fuyant dans les entrailles de la terre les traits mortels de la lumière); les deux formes graphiques du nom chinois indiquent deux variétés de stature différente. Ces indications sont d'accord avec les textes du CHIN-Y-KING, du TSEE-CHOU et des observations physiques de l'Empereur KANG-HI. Ces textes, cités de nos jours d'une

manière inexacte et incomplète, disent : « Le froid est ex-
» trême et presque continuel sur la côte de la mer du Nord,
» au delà du TAI-TONG-KIANG ; c'est sur cette côte qu'on
» trouve l'animal FEN-CHOU, dont la figure est celle d'un
» animal fouisseur, mais qui est gros comme un éléphant;
» il est dans des cavernes obscures à l'abri de la lumière.
» On en tire un ivoire qui est aussi blanc que celui de l'élé-
» phant, mais plus aisé à travailler et qui ne se fend pas.
» Sa chair est très froide et excellente pour rafraîchir le
» sang. L'ancien livre CHIN-Y-KING parle de cet animal
» en ces termes : Il y a dans le fond du Nord, parmi les nei-
» ges et la glace qui couvrent ce pays, un CHOU (fouisseur),
» qui pèse jusqu'à mille livres; sa chair est salutaire dans
» les maladies inflammatoires. Le TSEE-CHOU le nomme
» FEN-CHOU et parle d'une autre espèce qui n'est pas aussi
» grande ; il n'est grand, dit-il, que comme un buffle, s'en-
» terre comme les taupes, fuit la lumière et reste presque
» toujours dans ses vastes souterrains. On dit qu'il mourrait
» s'il voyait la clarté du soleil ou même celle de la lune. »
Cette naïve croyance que nous retrouvons chez les sauvages
de l'Amérique du Nord, dans la légende des animaux gi-
gantesques foudroyés par le grand Esprit, fit rejeter comme
une fable ridicule tout ce qui concerne les FEN-CHOU.

Cependant, à côté des *on-dit* du vieux TSEE-CHOU, il y
avait l'autorité d'un observateur sagace et porté au scepti-
cisme. KANG-HI avait certainement vérifié les qualités de
l'ivoire de Sibérie. Les naturalistes européens pouvaient aisément se procurer à Canton ou à Macao de l'ivoire de FEN-
CHOU, en constater la nature distincte et chercher sur les
lieux indiqués les animaux enfouis. La science aurait eu la
gloire de mettre en lumière un fait géologique de premier
ordre, tandis que le hasard seul nous l'a révélé, beaucoup plus
tard, en conduisant, vers 1809, M. Adams à l'embouchure
de la Léna, près du cadavre mutilé d'un mammouth. J'in-
siste sur cet exemple, parce qu'il me semble utile de ne pas
toujours compter sur de semblables hasards, parce que l'analyse des caractères chinois, l'étude des vocabulaires et des
textes laisse entrevoir plus d'un indice de découvertes et de

vérifications relatives aux problèmes dont s'occupent aujourd'hui les naturalistes. Ainsi, outre l'image ordinaire du rhinocéros, défini le pachyderme unicorne des vallées profondes, un groupe hiéroglyphique nous le montre comme un herbivore pilifère, massif et farouche, une sorte de NIEOU, armé d'une corne unique et acérée, pareil à la licorne bovine des bas reliefs de Persépolis. Une troisième figure ajoute à celle-ci l'idée du courage et de l'intelligence du KUEN. Suivant les annales chinoises, *ce rhinocéros velu*, regardé dans tout l'Orient comme le symbole de la force et le présage du bonheur aurait été vu quelquefois depuis les temps historiques. Ce HIAY-TCHAY ou TSAY, cet unicorne que les grands font peindre à la porte des palais ne serait pas un animal fantastique, et son époque non plus que celle du mammouth du dinothérium et du petit FEN-CHOU ne serait pas antérieure à l'existence de l'humanité.

GENRE OVIS.

Gardés, conduits et protégés par le chien, les troupeaux se multiplièrent rapidement et l'âge pastoral, l'époque d'Ammon, le règne de l'Agneau, subsista pendant bien des siècles et laissa dans la mémoire de l'homme un doux et pieux souvenir, que toutes les langues ont consacré par des images sans nombre, comme un glorieux symbole du royaume de Dieu, du triomphe éternel de l'Amour, de la Justice et de la Vérité. Quand une profonde analyse de la parole nous fait lire dans le cœur de nos premiers ancêtres, nous y trouvons cette pensée consolante que la bonté, la douceur est la force invincible et souveraine. Si nous sommes tentés de sourire de la naïveté du vieux temps, les souvenirs historiques se présentent en foule et nous disent : Oui, depuis Fo-hi jusqu'à Jésus, l'agneau timide a souvent terrassé la louve guerrière, la colombe a souvent chassé l'aigle armé de la foudre des dieux.

Pourquoi la parole et la plume sont-elles si lentes ? que ne puis-je évoquer ici et faire embrasser d'un regard les symboles, les allégories, les mythes, les maximes qui reproduisent sous toutes les formes cette promesse divine : Bienheureux ceux qui sont doux, car ils posséderont la Terre.

Mais à d'autres temps ces hautes études; revenons à l'histoire de l'espèce ovine.

Les inventeurs de l'écriture philosophique adoptée par tous les peuples de l'Asie orientale, sont, au sujet de la distinction des genres *Ovis* et *Capra*, parfaitement d'accord avec Pallas, de Leske, d'Illiger, de Blumenbach, de Ranzani et de Cuvier. Ils ne reconnaissent aucune subdivision naturelle dans le groupe nombreux des mammifères à pieds fourchus et à cornes creuses, qu'ils ont désigné par le signe déterminatif YANG. Si, de nos jours, après avoir subi pendant si longtemps l'influence de l'esclavage et des climats différents, plusieurs races domestiques sont tellement intermédiaires aux chèvres et aux moutons que les zoologistes ignorent auxquels de ces ruminants elles doivent être rapportées comme espèces et comme genres, quelle pouvait être la conformité primitive? Le YANG n'était pas une faible brebis, incapable de vivre sans maître. La disparition des poils soyeux et le changement des poils laineux en véritable laine n'avait pas encore couvert le mouton de sa riche toison.

Les types du genre *Ovis* réunissent en eux les caractères de plusieurs classes d'herbivores. Ils ont la forme du cerf, les cornes permanentes et recourbées du bélier, l'agilité du chamois ; ils recherchent comme lui le séjour des rochers. Enfin quelques-uns, supérieurs par la taille au mouflon à manchettes, se rapprochent des bœufs par la stature, par la largeur de la tête et les cornes arrondies. Le YANG n'est pas encore le pacifique MIEN-YANG, il a exactement les mœurs du bouquetin, CHAN-YANG (capra ibex). On peut lui appliquer ce que dit Geoffroy de Saint-Hilaire du mouflon américain. Il habite les sommets des plus hautes montagnes et se plaît dans les lieux les plus arides et les plus inaccessibles. On le voit sauter de rochers en rochers avec une vitesse incroyable : sa souplesse est extrême, sa force musculaire prodigieuse, ses bonds très étendus, et sa course très rapide. Il serait impossible de l'atteindre s'il ne lui arri-

vait pas fréquemment de s'arrêter au milieu de sa fuite, de
regarder le chasseur d'un air stupide et d'attendre que celui-
ci soit à sa portée pour recommencer à fuir. Tels sont encore les béliers sauvages, nommés par les chinois SU et TCHU
et désignés par deux caractères qui se lisent également
YOUEN. Un de ces caractères veut dire la souche, *l'origine
dès chèvres et des brebis, le bélier-bouc primitif.*

Cet YOUEN est armé de grandes cornes et se confond avec
L'OUAN *animal arieti simile.* Il faudra comparer ces moutons
sauvages de la Chine au mouton d'Europe à l'*ovis fera sibirica*
de Gmelin et de Pallas, à l'*Argali,* à l'*Ovis montana* de Gille-
vray et de Saint-Hilaire au *my-attic* ou cerf bâtard des Crées,
à l'*Ovis longicornis* dont M. Isidore Geoffroy de Saint-Hilaire
a pressenti la forme bovine d'après le seul examen des pro
longements frontaux envoyés du mont Caucase au Muséum
par le chevalier de Gamba. Alors on pourra déterminer les
rapports intimes qui lient les unes aux autres toutes les es·
pèces du genre. On saura s'il faut revenir aux idées de ces
naturalistes qui cherchent en Orient la souche (e nos moutons domestiques, s'il faut admettre que l'YOUEN et L'OUAN
de la Chine, l'*Argali,* de l'Asie septentrionale, le mouflon de
l'Europe méridionale, l'*Ovis montana* de l'Amérique du Nord
ne forment tous les cinq qu'une même espèce cosmopo-
lite. Ce fait serait aussi extrêmement remarquable et présenterait une véritable exception à l'une des lois de la distri-
bution géographique des mammifères. Le TONG, bélier sans
cornes, la FAN, brebis au ventre jaune, la FEN, brebis ou
chèvre à grosse tête, le KY, vigoureux bélier noir, l'une des
premières transformations de l'*Argali,* seraient parmi les innombrables variétés du mouton domestique de l'extrême
Orient, celles qu'il conviendrait d'étudier; leur acclimatation
facile rendrait plus saines et plus vigoureuses les brebis occidentales en les rapprochant du type original.

ANTHROPOMORPHEÆ.

Aux deux bouts du vieux monde, aux deux extrémités de
la longue chaîne des siècles, en des circonstances tout à fait

opposées, nous trouvons, sur un point capital d'anthropologie, une même discussion.

L'homme et le singe appartiennent-ils au même ordre ? A quel degré de l'échelle des êtres commence et finit l'humanité ?

Ce problème, qui divise les naturalistes de l'Occident civilisé, divisait déjà, il y a bientôt quatre mille ans, les sauvages compagnons d'Yao et de Fo-hi. — Habiles anatomistes, les docteurs européens ont savamment disséqué et décrit le corps du singe, ils ont cherché à établir, pour ses formes variées, des classifications ingénieuses. Mais les sages des anciens jours, au fond des forèts vierges, ont mieux observé les mœurs de l'animal vivant en liberté. Peut-être aussi, avec leur bon sens naïf, leur cœur simple et droit, ont-ils mieux compris à quel ordre de choses il faut demander un argument décisif, un critérium infaillible. Entre les rapports nombreux et inattendus que fait naître la zoologie comparée, aucun n'est plus intéressant et plus instructif que ce parallèle des thèses brillantes du savoir moderne et des décisions solennelles des premiers pasteurs des peuples.

Ecoutez d'abord les savants occidentaux.

Oui, dit Linné, les deux ordres des bimanes et des quadrumanes sont liés l'un à l'autre de manière à n'en faire qu'un seul sous le nom de *Primates*.

Oui, dit M. Bory de Saint-Vincent, le chimpanzé et l'orang sont compris, avec les bimanes, dans une même famille. Puis, développant sa pensée dans un style persuasif par sa familiarité, dogmatique et simple et portant un caractère remarquable de logique et de conviction, il ajoute ; Les rapports des orangs avec l'homme sont si frappants, que des peuplades asiatiques et africaines n'ont pas hésité à leur reconnaître une sorte de parenté, dont on assure qu'elles ont plus d'une occasion de resserrer les liens.

Les orangs sont tellement rapprochés de l'homme, par leur conformation, par leur humeur, par certains penchants moraux, qu'on se trouve réduit, pour les en séparer, à des considérations tirées d'un doigt des pieds ; un doigt un peu différent est bien peu de chose, en comparaison d'un encé-

phale presque en tout pareil. Nous avons signalé ces caractères chez plusieurs de nos compatriotes, les résiniers des
Landes, qu'on ne songera certainement pas à séparer géné-
riquement de l'espèce humaine. L'organisation du second
bimane n'est pas essentiellement inférieure à celle du premier.

On peut citer les preuves de bon sens qu'ont données les
individus observés en Europe, et qui cependant étaient, sans
exception, de véritables enfants ; on admirera comment, dans
un âge où l'homme n'est qu'une machine gourmande et ca-
pricieuse, ces orangs, dont on veut absolument faire des
bêtes, étaient plus avancés sous le rapport du développement
de l'intelligence que beaucoup de jeunes gens. Un adoles-
cent de l'espèce japétique n'est certainement pas aussi raisonnable que l'est un chimpanzé de trois ans. Comment expliquer alors l'état stationnaire de ces animaux? Par la
position des poches thyroïdiennes placées au-devant du la-
rynx, de manière à ce que l'air qui sort de la glotte s'y en-
gouffre pour produire un murmure sourd, lequel ne peut
conséquemment jamais fournir les éléments d'un langage
articulé. — Par la puissance des moyens de conservation, de
bien-être et de liberté dont ils sont doués. Ce sont les avantages qu'ils ont sur l'homme avec moins de nécessités, qui
ont dû contenir ces animaux au degré d'infériorité qu'ils
occupent dans la nature par rapport à nous. Nul doute, qu'à
l'aide de tant de conformités physiques existantes entre
l'homme et le chimpanzé, on ne parvînt à développer la raison de ce second bimane, comme on parvient à faire un peu
plus qu'une machine d'un paysan grossier, lorsqu'on s'occupe de l'éducation de celui-ci avant que, croupi dans une
stupide superstition il ne soit définitivement constitué en
brute, et qui pis est, en brute la plus méchante de toutes,
parce que les fausses idées dont on l'imboit, détruisent en lui
jusqu'à la rectitude de l'instinct.

Ces assertions ont été accueillies, non-seulement par de
nombreux lecteurs étrangers aux sciences naturelles, mais
par des savants de premier ordre. L'un d'eux, membre de
l'Institut, avait coutume de dire, en parlant des singes : Ils
sont nos cousins germains. Plusieurs naturalistes affectent

de ne pas prendre au sérieux une telle hérésie, ils n'ont pas cru devoir réfuter cette doctrine. Ils se contentent de dire avec Buffon : L'intervalle qui sépare les singes de l'homme est immense, et la ressemblance de la forme, la conformité de l'organisation, les mouvements d'imitation qui paraissent résulter de ces similitudes, ni ne les rapprochent de la nature de l'homme, ni même ne les élèvent au-dessus des animaux.

Une opinion intermédiaire s'est aussi produite. Lesson fait comme Bory, du chimpanzé et de l'orang, la deuxième famille de la tribu des bimanes. La famille des anthropomorphes est, ainsi que son nom l'indique, le trait-d'union qui lie l'homme au singe. Il est impossible, dit le savant classificateur, qui, dans ses longs voyages autour du monde, a fait du singe l'objet d'une observation spéciale, il est impossible, en étudiant les mœurs des chimpanzés et des orangs, de ne pas reconnaître que leurs formes *comme leur intelligence*, les rapprochent plus de l'espèce humaine que des autres animaux. Ils vivent sous la zone torride, dans ces régions où l'espèce humaine elle-même sent peu le besoin des vêtements. (*Mœurs et inst. des anim.*, p. 82).

Frédéric Cuvier accorde aux singes une large part d'une *intelligence particulière*. Après examen, il reconnaît à l'orang de l'impératrice Joséphine, la faculté de généraliser les idées, de la prudence, de la prévoyance, et même des idées innées auxquelles les sens n'ont jamais la moindre part. (*Annal. du mus.*, p. 58, t. XVI.). Mais il fait très-sagement observer qu'il n'est pas possible de bien rendre sa pensée, en parlant de l'intelligence des animaux, avec un langage qui n'a été fait que pour l'intelligence de l'homme et pour cette partie seulement de son intelligence qui le sépare de la brute et en fait un animal raisonnable. Chez les adversaires de M. Bory de Saint-Vincent, on croirait souvent saisir, sous l'ironie, l'apparence du doute. L'auteur de l'*Encyclopédie d'histoire naturelle* nous dit : On n'a jamais vu les singes se tuer entre eux pour le triomphe d'une idée, mais bien pour la satisfaction d'un besoin matériel, ou seulement par l'instinct de destruction qui est si prononcé chez l'homme et

surtout chez l'enfant; et il est évident que si, grâce à une
éducation à coups de trique, les singes, les chiens et d'autres
animaux apprennent à sauter alternativement pour le roi et
pour la république, l'idée ne vient certes pas d'eux, tandis
que les hommes se livrent spontanément à ces exercices variés, sans qu'il soit nécessaire de les leur apprendre; mais
cette particularité même a peu de valeur, car, à ce point de
vue, l'homme est peut-être aussi capricieux, aussi changeant
que le singe. Était-ce uniquement aussi pour attirer les rieurs
de son côté que M. Bory de Saint-Vincent disait : Malgré l'assertion de Buffon, la parole n'est pas toujours la preuve d'un
principe supérieur animant la matière; et il faudrait oublier
les sots discours de certains hommes, faits à l'image de Dieu,
pour réduire les orangs au simple rôle d'automates, parce
qu'il ne s'est point rencontré d'orateurs parmi eux.

Ne voyons-nous pas sous ces plaisanteries poindre la plus
triste de toutes les pensées : La raison vaut-elle mieux que
l'instinct? n'est-elle pas un don funeste? L'Ecclésiaste qui
avait parlé des arbres depuis le cèdre du Liban jusqu'à l'hy-
sope des murailles, l'Ecclésiaste qui avait parlé des animaux
de la terre, des oiseaux, des reptiles et des poissons, ne
s'est-il pas écrié : L'homme n'a point d'avantage sur la bête,
car tout est vanité; tout va en un seul lieu, tout a été fait de
la poudre et tout retourne dans la poudre.

Si le fils de David parlait ainsi aux jours de sa gloire, au
milieu d'un peuple civilisé, au sein de toutes les recherches
du luxe oriental, dans un palais que tous les princes de l'A-
sie lui enviaient, que devaient penser les patriarches de l'extrême Orient aux premiers jours de la vie sociale, au fond de
leurs sombres forêts, dans les grottes ténébreuses? Pour le
comprendre, il faudrait bien savoir ce qu'était l'homme de
race jaune, à cette époque sans date que les Chinois appellent la haute antiquité. Toutes les histoires occidentales nous
montrent, dès les premières pages des sociétés constituées,
des tribus qui obéissent à des chefs, des hommes qui connaissent l'usage du feu et savent déjà manier l'arc et la javeline. Les traditions chinoises remontent plus haut; LO-PI et
le OUAÏ-KI, KANG-KI, TA-KI Confucius, Y-KING-HI-TSE, le

CHE-PEN suivi par SSE-MA-TSIENN font des Chinois primitifs un portrait qui ressemble beaucoup à celui des orangs et
des chimpanzés. D'après le TONG-KIEN-KANG-MOU, les
Premiers peuples qui occupèrent la Chine, n'habitèrent d'a-
bord que la partie septentrionale, qui est aujourd'hui le
CHEN-SI.

> *Ils étaient si grossiers et si barbares qu'ils tenaient beau-*
> *coup plus de la bête que de l'homme.*

> *Sans maisons ni chaumières, les bois et les campagnes étaient*
> *leur séjour ordinaire.*

Ainsi ils ne savaient même pas, comme le chimpanzé, s'a-
briter sous des huttes façonnées avec des branches et des
feuilles. Sans doute, comme l'orang, ils se contentaient d'un
gîte en forme d'aire garni de feuilles, et recouvert de rameaux touffus. Comme lui, ils se couvraient, pour dormir, de
mousse et de feuilles mortes.

> *Ils ne vivaient que des fruits que leur fournissait la terre,*
> *ou de la chair crue des animaux qu'ils tuaient et dont ils*
> *n'avaient pas horreur de boire le sang.*

En cela ils différaient de l'orang, essentiellement frugi-
vore, qui se nourrit surtout des fruits du *ficus infectoria*, de
bourgeons de fleurs, de jeunes feuilles d'arbre, et qui, même
en captivité, refuse obstinément toute nourriture animale,
vivante, crue ou cuite. Les sauvages du *Chen-si* se rapprochaient, par leurs goûts sanguinaires, des nègres de la Pa-
pouasie et des singes inférieurs qui dévorent la chair crue
des oiseaux et des petits mammifères.

> *Ils se garantissaient du froid de l'hiver en se revêtant de*
> *peaux de bête, sans aucun apprêt.*

Pendant l'été ils se couvraient, comme notre premier père,
d'une ceinture de feuillage ou d'un grossier vêtement d'é-
corces dont les hermites de l'Inde font encore usage.

> *Nulle loi pour leur conduite, nul frein, nulle discipline,*
> *chacun suivait les mouvements que sa passion lui inspirait et*
> *ne paraissait penser qu'à la vie purement animale.*

On pouvait dire de tels sauvages, ce que Buffon a dit
du singe : « Sa nature est vive, son naturel pétulant ;
aucune de ses affections n'a été mitigée par l'éducation,

toutes ses habitudes sont excessives et ressemblent beaucoup mieux aux mouvements d'un maniaque qu'aux actions d'un homme ou même d'un animal tranquille.»

Des différences, qui nous frappent aujourd'hui, n'existaient pas alors. Les langues monosyllabiques de la haute antiquité, composées de racines primitives, universelles, et de quelques onomatopées très intelligibles, se rapprochaient du langage spontané des animaux. Les Chinois, qui ont fait entrer dans leur idiome les différents cris du tigre, du chien, d'un grand nombre d'oiseaux, regardaient toujours l'émission de la voix comme le signe intelligible d'un sentiment, d'un désir, d'une passion. Pour eux, le grand singe anthropomorphe n'est pas un animal muet.

Ils savent que, dans ses longues heures de repos, le dos courbé, la tête penchée sur la poitrine, regardant fixement en dessous, il fait entendre un son morne et bourdonnant. Ils savent que son cri de rage est aussi terrible que celui de la panthère.

Le sentiment religieux, considéré par quelques philosophes comme le signe divin de l'humanité, a toujours été, aux yeux des Orientaux, une faculté que possèdent toutes les créatures. Lorsque les Siamangs, sous la conduite de leur vieux chef, saluent le soleil à son lever et à son coucher par des cris épouvantables qu'on entend de plusieurs milles ; lorsque les bêtes féroces accueillent la lune par leurs rugissements, les Asiatiques disent encore : Les Siamangs implorent le Dieu du jour; les petits du lion demandent leur pâture au Dieu fort.

C'est dans cette pensée qu'on a attribué, à chaque divinité, un animal favori, devenu par cela même inviolable, comme le houlman de Rama et le cynocéphale de Thoth.

Enfin, loin de voir dans l'amour de l'indépendance un signe d'infériorité intellectuelle, les anciens honoraient, comme leurs plus dignes adversaires, les animaux qui résistaient le plus à l'influence de l'homme.

Entre le singe et les sauvages de la haute antiquité les philosophes de l'extrème Orient n'admettent qu'une différence. Ces hommes grossiers et barbares, dit le TONG-KIEN-

KANG-MOU, ne différaient de la brute qu'en ce qu'ils avaient une âme capable de leur inspirer de l'aversion pour une telle vie.

Tandis que l'Orang, content de son sort, n'aspirait pas au mieux, l'homme du CHEN-SI s'enivrait des vagues souvenirs et des pressentiments d'une existence meilleure. Ce sauvage faible et désarmé prétendait au bonheur suprême des dieux, la souffrance l'avait lancé dans la carrière du progrès infini, il pouvait accomplir la loi divine de toute créature intelligente et libre : Soyez parfaits comme votre Père céleste est parfait. C'est une touchante histoire que celle des premiers pas de l'humanité dans cette voie glorieuse. Nous y trouvons les noms significatifs des premiers bienfaiteurs de notre espèce. Nous y voyons comment YEOU-TSAO-CHI inventa les *maisons-nids* et construisit des demeures inaccessibles au tigre, comment SOUI-GIN, le Prométhée de l'extrême Orient, obtint, par le frottement du bois, le feu, père de tous les arts utiles ; comment il enseigna à transmettre la pensée au delà des limites de la parole et de la vie, par le moyen des cordelettes à nœuds. Nous lisons plus loin les merveilles de l'âge de l'agneau sous FO-HI, *qui fait cesser les haines,* et le développement de l'agriculture sous CHEN-NONG, le *céleste cultivateur.* A l'époque d'YAO, des caractères nouveaux d'humanité sont déterminés. L'homme seul, nous dit ce sage, unit la monogamie à l'amour paternel stable, il possède seul le sens moral, le sentiment du devoir dans les relations sociales.

Cette distinction avait alors son utilité pratique. En descendant vers le midi, les cent tribus chinoises ne s'avançaient plus dans une contrée déserte, elles rencontraient des êtres à forme humaine, mais de couleur différente ; des noirs de haute stature, des peuplades dont le corps était entièrement couvert de longs poils, des sauvages dont la grosse tête se rapprochait, par la forme et le peu d'ouverture de l'angle facial, par la disposition des protubérances bien plus des Orangs que des nègres.

En parlant de ces sauvages, Collins assure que l'intelligence bornée et presque nulle de ces êtres, d'ailleurs très velus et très agiles à grimper sur les arbres, les place à peu de distance des singes.

A Sumatra, à Jesso, au Dekan, à la Nouvelle-Galles se rè-
trouvent encore les débris de ces types antiques avec ceux
d'une race à grosse tête, à corps chétif, autrefois nombreuse
dans l'Asie centrale et rappelant les pygmées de la mythologie. D'autres variétés sont totalement éteintes. De chacune
d'elles il ne reste plus rien qu'un souvenir traditionnel et
vague, un mot incompris, mais il en reste aussi un signe
hiéroglyphique et ce signe est toujours une image ou une définition, toujours il éveille une idée féconde, il lance un trait
de lumière dans les ténèbres des premiers âges. Les recherches de ce genre rentrent dans le domaine des applications de la graphonomie aux sciences historiques.

Retournons à la zoologie comparée. Les Orientaux ont divisé le genre HOMO en cinq figures : TSING, race gris
bleuâtre; HOANG, race jaune; TCHÉ, race rouge; PÉ, race
blanche; HÉ, race noire. Quelle que soit la race de l'homme,
il est doué d'une âme perfectible, d'une âme libre.

Les races s'améliorent ou dégénèrent par l'usage bon ou
mauvais de la liberté morale. La volonté n'est jamais soumise
au climat d'une manière fatale et irrésistible, c'est l'âme qui
déprave ou fortifie les corps. L'identité de la nature humaine,
l'indépendance absolue de l'esprit et du cœur sont des faits
évidents. L'empereur KANG-HI expose cette doctrine dans
un texte que je regrette de ne pouvoir citer ici tout entier.

« Les fruits, les grains, les oiseaux et les animaux ont
» quelque chose de particulier dans chaque pays; cette diffé-
» rence croît à proportion des distances. Il en est de même, à
» certains égards, des hommes : la figure, la taille, la phy-
» sionomie, la couleur, les forces et le teint varient d'un pays
» à l'autre. — Lorsque les causes morales se joignent aux
» causes physiques, cela va encore plus loin. Quand la Cour
» était dans les provinces du Midi, les richesses qu'elle y at-
» tirait y avaient porté un luxe, une mollesse et une corrup-
» tion de mœurs qui avaient presque changé les hommes en
» femmes, tant ils étaient devenus mous, délicats et esclaves
» de leur bien-être. Maintenant qu'elle est dans celle du
» Nord, ils sont devenus plus fermes, plus agissants et plus
» réglés. Ceux du Nord au contraire s'amollissent et se cor-

» rompent insensiblement. Nos naturalistes et nos as-
» tronomes se trompent également lorsqu'ils veulent rai-
» sonner sur le caractère, le génie, les inclinations et les
» mœurs des hommes d'après les climats et les étoiles. Mes
» tartares sont tartares dans les provinces méridionales
» comme dans le *Leao-Tong*. Je suis sur le trône depuis plus
» de trente ans; j'ai vu, j'ai employé des hommes de tous les
» climats de mon empire. Les gens de bien de tous les pays
» se ressemblent. L'histoire particulière de chaque province
» compte des guerriers, des savants, des littérateurs, des artis-
» tes, des héros et des monstres. *Partout l'homme est l'homme.*
» Le poëte LIEOU-TCHI a dit fort sagement : Aucun climat
» n'adoucit le tigre, aucun ne donne du courage au lapin. »

Voyons maintenant le parallèle de la classification, des
quadrumanes, essayons de déterminer les animaux indiqués par les vocabulaires de l'extrême Orient.

Quand on embrasse d'un regard l'innombrable famille des
singes, quel spectacle étrange ! Tous les types des animaux
terrestres forment une pyramide vivante au sommet de laquelle apparaît l'homme ; au second degré c'est toujours un
singe qui forme la transition de toute forme bestiale à la
figure humaine. On dirait que tous les êtres inférieurs ont
revêtu l'apparence de l'homme sans pouvoir se débarrasser
complétement de leurs signes caractéristiques. Voici des quadrumanes à face de renard, d'ours, de chien, de chat, à crinière de lion, à barbe de capucin, à membranes de chauve-
souris ; des singes-rats, putois, des singes-écureuils.

Voici des quadrumanes ressemblant par la forme de leur
nez à des oiseaux au long bec. Il y en a de nocturnes comme
le hibou, avec ses grands yeux ronds et son abord silencieux.
D'autres, comme le Douc, sont parés des couleurs brillantes
et variées des gallinacés ; ceux-ci ont les excroissances rouges
et bleues du dindon ou la tête chauve du vautour, ceux-là
ont le train de devant développé comme la hyène. Quelques-
uns peuvent se tenir debout et paraissent à l'extérieur tellement semblables à nous qu'on se demande s'ils sont des
hommes dégénérés ou des hommes imparfaits.

Les peuples de l'extrême Orient ne connaissent pas encore

les quadrumanes de l'Afrique et de l'Amérique, ils n'ont observé encore que les singes asiatiques, cependant nous retrouvons dans la zoologie vulgaire du chinois la division fondamentale qui préside aux diverses classifications par lesquelles Buffon, Geoffroy Saint-Hilaire, Cuvier, Blainville, Duvernoy et Lesson cherchent à établir un peu d'ordre dans la nombreuse et turbulente famille des singes.

La première classe est formée par les quadrumanes à forme humaine, appelés KIA, KIO ou KO, *species simiœ homini similis*. YOUEN-HEOU, type de famille.

La seconde par les singes de haute stature et les singes grimpeurs par excellence, NAO *species simiœ quœ gaudet arbores conscendere*, *TSU* singes espions ou vigilants.

La troisième par les singes d'une petite espèce HEOU-SUN, auxquels on pourrait ajouter les races LOUY, HOEY et YEOU, HEOU-TSE.

Enfin la cinquième classe comprenant des animaux semblables au singe, le TSAN-HOU et le JAO animal grimpeur à tête de renard, vivant principalement, à ce qu'il paraît, sur le chêne SU, dont le fruit est appelé SIANG-TSE, ou SIANG TÉOU-TSE.

Si nous cherchons à établir la synonymie de ces animaux il nous semble que les KIO et KO sont des Orangs. Le père Basile de Glemona leur attribue les enlèvements dont M. Geoffroy Saint-Hilaire a justifié le gorille; le docte missionnaire va plus loin, il admet l'existence de produits hybrides. Car il dit du KIO : *Species simiœ sat homini similis quœ mulieres rapit et ex illis filios generat*. Ce témoignage confirmerait ceux des peuplades de l'Inde et de l'Afrique et serait favorable à l'opinion de M. Bory de Saint-Vincent. La possibilité de l'hybridité soulèverait des questions anthropologiques entièrement nouvelles, mais elle ne détruirait en rien la hiérarchie de l'univers vivant. Les caractères moraux déterminés par YAO et ce désir insatiable du mieux qui pousse en avant l'espèce humaine, empêcheraient toute confusion. La perfectibilité suffit pour constituer le règne hominal ou humain.

Le NAO, singe grimpeur, *species simiœ quœ gaudet arbores*

conscendere, est probablement le *gibbon* et peut-être celui que l'on désigne à Sumatra par l'onomatopée Wou Wou. D'une agilité surprenante cet animal échappe ainsi qu'un oiseau, et comme lui, il ne peut guère être atteint qu'au vol; à peine a-t-il aperçu le danger qu'il en est déjà loin. Grimpant au sommet des arbres, il y saisit la branche la plus flexible, se balance deux ou trois fois pour prendre son élan et franchit ainsi, plusieurs fois de suite, sans effort comme sans fatigue des espaces de quarante pieds. (Duvaucel.)

Cette habitude qu'ont les gibbons de se pendre aux rameaux les plus frêles et de s'en servir comme d'un arc pour s'élancer à de grandes distances, est bien représentée par le signe MY, qui nous montre une main pesant avec force sur la corde de chanvre d'un grand arc au moment de lancer la flèche.

La vigilance d'une autre espèce a pour image non moins fidèle le caractère TSU, qui signifie examiner, reconnaître, observer et espionner les actions des autres.

D'autres groupes hiéroglyphiques nous montrent des singes vivant d'insectes et de petits oiseaux.

Les signes qui caractérisent le KIO éveillent simplement en nous l'idée d'un pilifère redoutable, hideux, à queue courte ou sans queue et surtout l'idée d'une ressemblance physique avec l'homme; JOU *consimilis*, mais les Chinois ne lui accordent pas, comme l'ont fait quelques peuples, le nom d'homme sauvage, d'homme des bois, le caractère JIN ne se trouve dans aucune définition graphique du KIO. Ils sont loin de reconnaître à l'orang une intelligence égale à celle du renard, qui a pour caractéristique le signe même de la raison humaine, LY. Quant au *Sing-Sing, animal bipes, homini simile, facie humana, corpore suillo et loqui peritum*, je parlerai, en indiquant les animaux symboliques, de cet analogue du faune gréco-latin et je dirai d'où venait aux hommes primitifs, cette tendance à multiplier à l'infini les anneaux de la chaîne des êtres, à ménager des transitions encore plus délicates, plus insensibles que celles de la nature. Peut-être verrons-nous par là pourquoi telle croyance vulgaire depuis des milliers d'années en Orient se présente aujourd'hui, timide et incomplète encore, à l'esprit des Occidentaux. Ce fait est surtout remarquable dans l'exposé des doctrines relatives aux devoirs de l'homme envers les animaux inférieurs et à la division générale des êtres. Je traiterai seulement ce dernier point qui touche à la question anthropologique dont nous venons de nous occuper.

Dans son second volume de l'histoire naturelle générale des êtres organiques, M. Isidore Geoffroy-Saint-Hilaire nous présente comme conclusion de tout ce qui précède cette assertion : « Il y a dans l'empire organique, trois règnes et non » deux seulement; nous sommes presque en droit d'ajouter : » Il devait y en avoir trois ni plus ni moins.

« Dans le premier la vie est toute *végétative ;*

« Dans le second, à la vie *végétative* s'ajoute la vie *animale;*

« Dans le troisième, à la vie *végétative* et à la vie *animale* » s'ajoute la vie *morale.*

« Il y a donc, parmi les êtres vivants, trois grandes divi- » sions, trois grandes classes, comme on disait autrefois, trois » RÈGNES dans l'*empire organique,* comme nous disons au- » jourd'hui, forme nouvelle d'une conception aussi ancienne » que la science et qui vivra autant qu'elle (on la trouve » notamment dans le *Compendium* de H. Barbarus publié en 1553.) » A ces paroles du savant professeur, nous pouvons ajouter : Cette conception est universelle; non-seulement elle est aussi ancienne que la science moderne, vieille à peine de trois siècles, mais c'est un dogme du moyen âge, qui avait distingué l'*anima altrix vel vegetatrix,* l'*anima sentiens* et l'*anima ratiocinatrix.* C'est un dogme que l'antiquité païenne nous a transmis sous diverses formules. C'est l'opinion que les chrétiens de la Chine ont adoptée comme orthodoxe, sous les dénominations suivantes : SENG-HOEN, âme végétative, KIO-HOEN, âme sensitive ou animale, LING-HOEN, âme rationnelle ou supérieure.

Dans les livres de Confucius nous trouvons la même division sous les noms de SENG l'énergie vitale et génératrice, SIN la puissance affective, LY la faculté intellectuelle, la raison. Mais dans l'extrême Orient cette division n'est pas la constatation d'un fait isolé ; elle se rattache à un système complet auquel on ne peut rien comparer dans l'Occident,

si ce n'est peut-être, en Allemagne, les essais de la philosophie de la nature.

Voici comment les sages des vieux jours rapportaient à une
règle unique l'action éternelle de l'être suprême, CHANG-TI.

La puissance infinie qui renferme en elle toutes les puissances du ciel et de la terre, l'YN-YUN, apparaît sous deux
formes, l'une passive, inerte, inorganique, fixée, c'est l'YN
principe de tous les corps; l'autre active, subtile et motrice
est le YANG, principe éthéré et spirituel.

Du rapport de ces deux états en naissent quatre autres et
les corps sont tour à tour aériens, liquides, solides ou obscurs et fluides lumineux. L'âme, HOEN, est la forme la plus
pure de l'YANG, principe des forces vitales plus ou moins
liées à des corps organisés ou PE, qui ne sont eux-mêmes
que des portions de l'YN. Cette union du passif et de l'actif,
de l'inerte et du moteur, d'un organisme et d'une âme, c'est
l'HOEN-PE constituant l'individualité et la vie terrestre des
êtres animés; quand cette union finit, l'âme sous le nom
de KOUEY, subsiste comme être distinct et limité sur-
vivant à la séparation des parties matérielles qui compo-
saient son corps. A l'aide de cette loi tous les phénomènes de
l'univers recevaient une explication spécieuse que l'on
s'étonne de rencontrer à cet âge que la plus vieille nation
du monde appelle la haute antiquité.

L'extension de la charité à tous les êtres inférieurs, n'a
point pour base unique le dogme de la métempsychose. Les
trois grandes sectes qui se partagent la Chine sont d'accord
sur ce point. Tous les saints, dit le commentateur du livre
des actions humaines et des réactions divines, tous les saints
dans tous les pays, dans toutes les religions, ont montré cet
amour universel qui descend jusqu'aux dernières manifesta-
tions de la vie. « Celui qui veut amasser des mérites et se
» faire un trésor de vertus, doit non-seulement aimer les
» hommes, mais aimer aussi tous les êtres animés, les oiseaux,
» les poissons, les insectes, en un mot tout ce qui vole, mar-
» che, se meut et croît. Ces créatures, ont toutes avec nous,
» des facultés communes que l'homme ne peut contrarier
» sans devenir méchant; c'est l'amour de la vie, c'est la

» crainte de la mort. En cela, qu'importe la différence de la
» grandeur ou de la forme ? Fo a écrit dans des livres sacrés :
» Le père doit reprendre les enfants qui se font un jeu de
» tourmenter les animaux ; car ces amusements cruels, tout
» en blessant des êtres doués de la vie et de la sensibilité,
» allument dans le cœur des enfants le goût du meurtre, en
» sorte que, devenus grands, ils méconnaîtront les lois de la
» justice et de l'humanité. » Mille exemples nous prouvent, au
contraire, que le sage dont le cœur est le plus accessible à la
compassion pour les êtres inférieurs, est celui qui fait les
progrès les plus rapides dans le sentier de la vertu, de la
science, de la fortune honorable et des honneurs mérités. C'est
par là que YANG-PHAO devint riche et célèbre et bisaïeul
d'un roi, troisième Koung, c'est par là que KIAO obtint le premier rang dans le grand examen, et reçut du fils du ciel le
grade de premier docteur de l'Empire. C'est grâce à cette doctrine élevée, que les peuples de l'extrême Orient parvinrent à
apprivoiser tant d'animaux utiles ou gracieux, à perpétuer la
noblesse, la force et la beauté des races, tout en augmentant le
bien-être de l'homme. Dans les vieilles morales d'un monde
ignoré, on aime à suivre les développements de la civilisation.
Ce peuple que nous avons vu tour à tour sauvage et troglodyte dans le CHEN-SI ; chasseur errant et féroce à l'époque
du cheval ; nomade et pasteur aux siècles de l'agneau, s'était
multiplié à l'infini depuis la domestication du chien. Dans
l'âge du bœuf, le règne de l'agriculture, les riches moissons
des cinq grains, et les gras pâturages s'étendaient de l'Altaï à
Malacca et de la mer Jaune au Cobi, qui était alors le lit d'une
vaste mer, comme le prouvent les débris non fossiles d'animaux marins, les cuirasses de crustacées et les carapaces de
tortues que l'on trouve à chaque pas dans les sables du désert.

Dans cette immense région que baignaient quatre mers, il y
avait peu de villes encore, mais un nombre prodigieux de villages considérables. Chacun d'eux, placé sur une éminence arti-
ficielle, avait la forme circulaire des tours chaldéennes et des
anciens douars arabes. Il était orné d'une riante ceinture de
jardins et de vergers qu'entourait une large zone de champs

cultivés, enfermés eux-mêmes dans une verte enceinte de
prairies, que bornait un épais boulevard d'arbres fores-
tiers. Les dépenses de l'État n'absorbaient qu'un neuvième
des produits de la terre, les magistratures n'étaient point vé-
nales; dans l'intérêt de la santé publique, on examinait les
marchandises aux douanes et dans les marchés, mais on n'y
exigeait pas de droits; les lacs poissonneux et les ponts étaient
accessibles à tout le monde. On n'enveloppait pas la postérité des coupables dans leur punition. Des soins pieux étaient
prodigués aux vieillards sans épouse, ou sans descendants,
aux vieilles sans mari, aux enfants privés de l'appui paternel. Ces quatre sortes de malheureux, dit WEN-WANG, n'ont
personne à qui ils puissent adresser leurs plaintes, c'est le
pauvre peuple de l'Empire, c'est le *peuple du ciel*, c'est sur
lui que doivent se répandre d'abord les bienfaits d'un gouvernement pieux. Oh! la sublime doctrine, s'écriait plus tard le
roi de THSI, quand MENG-TSEU, interrogé par lui sur le
véritable art de régner, lui rappelait les leçons du passé. Eh
bien, repartit le sage, si votre majesté trouve cette doctrine
si belle, pourquoi ne pas la mettre en pratique? Avec le cours
des âges, le développement des conditions de bien-être et de
moralité amena une phase nouvelle que les économistes
occidentaux n'ont entrevue que dans leurs spéculations, dans
le rêve d'un avenir encore bien éloigné. Il y eut excès de population. Alors on s'efforça d'agrandir le sol cultivable, de
multiplier le travail de l'homme; prés et forêts disparurent
pour faire place aux cinq grains, les flancs des montagnes se
couvrirent de terre. Les fleuves se chargèrent d'îles flottantes.
Partout la force humaine fut substituée à celle des animaux
et des machines. La destruction du gibier et la rareté du bétail, amenèrent une révolution alimentaire, la phase des
oiseaux de basse-cour, des pourceaux et des chy-kuen. Aujourd'hui, malgré des famines terribles et de longues guerres
civiles, on n'est pas encore sorti de cette phase. C'est pourquoi
l'industrie et le négoce se trouvent dans des conditions parti-
culières. Ainsi que le dit un auteur chinois « les idées de
l'Europe sur le commerce, sont fort différentes de celles de
notre gouvernement. Le commerce, selon nous, ne peut être

utile à l'Empire, qu'autant qu'en cédant des choses super-
flues, on en acquiert de nécessaires ou d'utiles. »

Ce principe supposé, il faut conclure que le commerce des
étrangers à Canton, diminuant la quantité usuelle des soies,
des thés, de la porcelaine, et occasionnant l'augmentation de
leur prix dans toutes les provinces, est véritablement dé-
savantageux à l'Empire. Aussi le gouvernement tâche-t-il de
l'abaisser peu à peu. L'argent qu'apportent les vaisseaux de
l'Europe, ainsi que les précieuses bagatelles qui viennent à
la cour, ne font pas illusion au ministère. Il en est de même
des vaisseaux qui vont à Siam, à Malacca, au Japon, à Ma-
nille, et le ministère ne regarde comme avantageux, que le
commerce avec les *Tartares et les Russes*, parce qu'il fournit
des pelleteries dont on a besoin dans les provinces du Nord,
et qu'il se fait par échanges. En général, la Chine ne peut
commercer fort utilement avec les étrangers, parce qu'elle
ne peut en tirer du grain, des bois et des bestiaux. KOGAN-
TSEE disait, il y a deux mille ans : L'argent qui entré par le
commerce, n'enrichit le royaume qu'autant qu'il en sort par
le commerce. Il n'y a de commerce longtemps avantageux,
que celui des échanges ou nécessaires ou utiles. Le commerce
des objets de faste, de délicatesse et de curiosité suppose le
luxe, or le luxe qui est l'abondance du superflu chez certains
citoyens, suppose le manque du nécessaire chez beaucoup
d'autres. Plus les riches mettent de chevaux à leurs chars,
plus il y a de gens qui vont à pied ; plus leurs maisons sont
vastes et magnifiques, plus celles des pauvres sont petites et
misérables ; plus leur table est couverte de mets, plus il y
a de pauvres réduits uniquement à leur riz. Ce que les
hommes en société peuvent faire de mieux à force d'industrie, de travail, d'économie et de sagesse, dans un royaume
très peuplé, c'est d'avoir tous le nécessaire et quelques-uns
seulement une aisance relative. »

Ce fut, comme on le voit, une idée d'économie sociale, qui
disposa la Chine à fermer ses portes aux étrangers. Les raisons
politiques ne firent que fortifier cette disposition, elle ne peut
céder qu'à l'expérience. C'est à l'intérêt bien entendu qu'il
convient de faire appel. Les conditions de l'existence vont

probablement changer sous l'empire des circonstances entièrement nouvelles qui se préparent ; voyons ce qu'étaient les
deux dernières périodes du système alimentaire.

Genre Gallus.

Chez tous les peuples primitifs, les oiseaux qui annoncent
le retour des saisons, furent regardés comme les confidents
des dieux, comme les messagers du destin. Mais l'Orient et
l'Occident, que nous avons vu si souvent d'accord dans le
choix des emblèmes et des symboles, sont ici en pleine con-
tradiction. Chez les Européens, les rapaces furent surtout en
honneur. Depuis l'aigle de Zeus, de Jupiter et de César jusqu'au modeste hobereau, tous les faucons sont nobles et
gentils-oiseaux.

Les Orientaux, au contraire, leur donnent les noms peu
flatteurs de gloutons, voleurs sinistres, de tigres ailés, ils
appellent le grand aigle YO-TSO l'infernal.

Toute leur sympathie est réservée aux oiseaux sociables,
qui, dans leur écriture philosophique, représentent les idées
de rassemblement, d'union, de concorde. Comme les bour-
geois des villes libres de l'ancienne Allemagne, ils honorent
la cigogne et la grue, ils disent comme eux :

> La cigogne c'est la commune
> Laquelle a volonté toute une.

Ils ont choisi la grue pour emblème de la fidélité conju-
gale comme l'atteste le vieux proverbe : YEN CHY-NGEOU-
PO-TSAY ; *grues, amisso consorte, non alii copulantur.* Mais aucun oiseau n'attira autant l'attention des anciens peuples,
que l'animal vigilant et courageux qui fut si longtemps le
signe de la nationalité gauloise. Tour à tour favori de Teu-
tatès, de Mars, d'Esculape et de Mercure, c'est encore lui qui
veille sur les clochers des villages européens. Mais le coq est
avant tout l'oiseau du soleil. C'est dans les chaudes régions
de l'extrême Orient que le genre *Gallus* a ses représentants
les plus forts, les plus beaux et les plus variés. C'est là qu'on

trouve avec le faisan doré, le faisan argenté et le coq nain de la Chine, le coq soyeux du Japon, et le coq gigantesque de Sumatra, plus grand que l'énorme coq persan de Sans-varre. Ici encore la philologie comparée nous aidera à déter-miner l'origine des Galli. Les espèces et les variétés sont gé-néralement et très abondamment répandues sur tous les points de la terre où l'homme vit en société, et pendant long-temps, on n'a su quelle patrie assiguer à la souche origi-naire. Sonnerat retrouva dans la chaîne des Gates, qui sé-pare én deux grandes provinces la péninsule de l'Inde en deçà du Gange, le coq vivant à l'état sauvage. On signale l'Ayam alas, *coq des bois*, le bankiva, observé par M. Les-chesnault dans les forêts de Java ; la petite poule des déserts de la Guyane.

On se demande quelle était parmi ces espèces sauvages la source originaire de notre espèce domestique.

Six espèces chinoises ont aussi des droits au titre de race mère. Voici les noms :

1. PO ou POU, poule sauvage.

2. SUN-Y, sorte de poule qui vit sur les montagnes.

3. KIAO, espèce montagnarde, moins grosse que la poule commune mais ayant la queue plus grande.

4. TSUN, poule sauvage des montagnes de l'Occident.

5. TCHO, synonyme de TY, poule sauvage de montagne, remarquable par la force de ses ailes et la longueur de sa queue.

6. TCHY, poule sauvage à queue courte et dont les plumes sont recherchées pour empenner les flèches.

Le TSUN ne serait-il pas le *Gallus Sonnerati ?*

Le faisan est considéré comme une variété du coq vulgaire KY-KONG, ainsi que le prouve son nom CHAN-KY ou YE-KY. Quant au faisan blanc, son nom PE-HIEN indique sa couleur argentée et l'analyse des caractères nous le présente comme un oiseau de luxe, errant dans l'intérieur des habi-tations. Cette espèce aurait été produite en domesticité, sous l'influence de l'homme. Le TCHY n'est peut-être pas sans analogie avec le Walli-KIKITI de Ceylan, auquel le manque de queue et même de croupion a fait donner le nom de *Gal-*

lus ecaudatus. Entre les caractères qui le désignent et ceux qui représentent le KY, la poule en général placée sous le déterminatif TCHOUY (oiseau à queue courte) il y a une similitude presque complète ; ce serait cet animal qu'il faudrait regarder comme la souche du coq domestique. Les anciens avaient remarqué dans les familles sauvages des TCHY, une discipline admirable et beaucoup de prudence ; ils avaient choisi cet oiseau pour emblème de ces qualités. Ils avaient aussi très bien vu que les plumes qui forment la roue du paon sont attachées au dos de ce volatile et malgré les apparences, le KONG-TSIO, *pavo,* est rangé dans la catégorie des oiseaux à queue courte et la faiblesse relative de ses pattes a engagé les créateurs de l'écriture chinoise à le rapprocher des pigeons et des passereaux. Mais la transition entre les gallinacées et les pigeons serait mieux établie par le TCHE-KIO, sorte de perdrix égale en grandeur à la colombe. Les amateurs des combats des coqs ont trouvé dans l'extrème Orient des champions fiers, courageux, acharnés qui rappellent le *Phasianus pusillus,* de Bentam. Ce sont les HO ou FEN, qui se battent jusqu'à la mort. Les soldats ornent les casques des plumes du vaillant oiseau, et ce panache appelé HO-KOUAN, signifie qu'il faut vaincre ou mourir.

En comparant aux caractères du coq et de la poule domestiques, ceux des six variétés sauvages indiquées plus haut; en les comparant à d'autres espèces orientales qui vivent encore en liberté, il serait possible de retrouver l'itinéraire du plus utile des oiseaux domestiques, ou de découvrir des faits nouveaux à l'appui de cette opinion de M. Themminck, qu'il existe plusieurs espèces de coqs et de poules qu'il est permis de regarder comme primitives, et qui dans l'état de domesticité ont pu produire différents croisements propres à devenir féconds. Quant aux inductions philologiques, les différences d'âge et de sexe des Galli ne sont pas formées en chinois par des noms particuliers, mais par l'adjonction des épithètes mâle, femelle, petit ; un seul poussin a obtenu l'honneur d'un signe spécial, c'est le YU, *cujusdam magnæ gallinæ pullus.* Nous avons dit en parlant du cerf quelles conséquences on peut tirer du *mode de désignation.* Les noms du coq *KY*, celui de son cri KO. le nom de la poule sauvage PO ou POU se rapprochent beaucoup plus des noms celtiques que de tous ceux qui ont été donnés par d'autres peuples. Cependant on n'en peut rien conclure parce que ces monosyllabes sont des onomatopées de première formation.

Souvent on a dit : En histoire naturelle et particulièrement en zoologie, il est d'usage de procéder dans l'ordre de la classification des espèces, du plus parfait à ce qui l'est moins. Peut-être cette marche est-elle illogique, car il est positif qu'elle est l'inverse de celle suivie par la nature dans l'œuvre admirable de la création (1). Peut-être même est-elle irrationnelle, car elle est contraire au mode pratiqué dans l'enseignement des sciences, ou pour mieux dire aux règles qui ont présidé à l'organisation de notre intelligence, laquelle ne conçoit bien qu'autant qu'elle procède du simple au composé. Il y aurait donc plus d'un motif suffisant pour retourner le mode suivi jusqu'à ce jour dans l'initiation des lecteurs aux mystères de cette branche des connaissances humaines. A cette observation on peut répondre : La zoologie comparée et l'histoire primitive nous font parfaitement comprendre les raisons qui ont imposé à la science de la nature la marche qu'elle suit encore. Dans la longue étude du monde vivant, l'homme a dû nécessairement se prendre pour point de départ, pour terme de comparaison et surtout pour fin dernière. La connaissance des animaux et des plantes n'était pas dans l'origine un plaisir intellectuel, une science abstraite, mais une œuvre de guerre, un moyen de salut ou de conquête, une question de vie ou de mort. Dans cette enquête des êtres inconnus de l'Asie orientale, je suis la marche des faits, et je parle des espèces animales selon l'ordre chronologique de leur apprivoisement, de leur captivité, de leur déchéance ou de leur destruction, et l'on peut voir par ce tableau rapidement tracé la série des grandes révolutions alimentaires du règne hominal.

En allant du simple au composé on rendrait les commencements de la zoologie plus obscurs et moins attrayants, les

(1) Encyclopédie d'histoire naturelle.

êtres incomplets que le Créateur a placés aux confins de l'existence animale sont encore peu connus ; ils n'offriront jamais un intérêt égal à celui que peuvent inspirer les espèces domestiques ou même les grands carnivores. Buffon avait apprécié cette disposition du public lorsqu'il cherchait à populariser l'étude de la nature ; il se rapprochait instinctivement de la méthode historique. A chaque époque alimentaire, après l'animal et la plante qui servent de base à la vie humaine, il n'y a rien de plus important que les ennemis contre lesquels il faut les défendre. Comme au règne de l'agneau et du bœuf, les pasteurs avaient observé les tigres, les ours, les loups et les caniens ; à l'époque des oiseaux de basse-cour on s'occupa des oiseaux de proie.

RAPACES.

Dès les premiers âges du monde, l'homme troglodyte avait eu à combattre les grands carnivores ailés qu'il appelait les mauvais génies de la montagne. Plus tard il en avait rencontré de non moins terribles dans les déserts où il descendit sous la conduite d'Yao. L'empire, nous dit le philosophe Meng-Tseu, « n'était pas encore formé, les plaines basses et enfoncées » étaient couvertes d'eaux stagnantes, restes de l'inondation ; » les terres qui n'étaient pas submergées, étaient couvertes » d'arbres ou d'herbes sauvages et remplies de bêtes féroces » sans nombre. Yu mit le feu aux bois et aux roseaux pour » découvrir la campagne et chasser les animaux ; il creusa » neuf canaux pour faire écouler les eaux dans les grandes » rivières et les conduire à la mer. »

C'est jusqu'à ces temps reculés qu'il faut faire remonter la découverte d'une foule innombrable de serpents et de dragons, anciens possesseurs du sol, auxquels il fallut livrer de longs et rudes combats. Parmi cette tourbe venimeuse et rampante, dont l'homme n'aurait jamais triomphé sans le secours de la flamme, on distingua dès lors le JEN, serpent aquatique de huit pieds de long et qui peut servir d'aliment ; le HOEY, à grande tête ; le MANG, aux brillantes couleurs ; le MANG, roi colossal des serpents et dont les mandarins portent l'image brodée sur leur manteau de cour. Ces redoutables ophidiens ne régnaient pas sans rivaux sur les plages brûlantes de la mer orientale et sur les vastes marais qui couvraient des contrées entières ; ils avaient pour adversaires des oiseaux d'une audace et d'une force prodigieuse.

Leur chef, dominateur de la terre et de l'Océan, est cet animal mystérieux dont nous retrouvons partout l'idée ou le souvenir. Chaldéens, Perses, Indiens, Arabes, Hébreux, Madécasses, noirs sauvages de l'Australie, tous sous des noms différents accordent au roi des airs les mêmes attributs.

Nous retrouvons à la Chine cette vieille tradition d'un être de stature immense, poisson ou reptile, qui, se transformant en oiseau, s'élance de la mer et peut sans se reposer voler jusqu'aux extrémités du globe. Sous l'exagération évidente de cette fable, il y a peut-être quelque chose de réel.

En Europe on a trouvé des débris fossiles d'épiornis. La Nouvelle-Hollande possède en abondance des ossements de dinornis, dont le plus grand aurait égalé la girafe en grandeur. Ces os contiennent une proportion si grande de gélatine que l'on est presque forcé d'admettre que s'ils n'existent plus, il y a peu de temps qu'ils ont disparu et que, sous ce rapport, ils sont dans le cas du dronte, dont le dernier individu a été vu il y a environ un siècle.

Suivant M. Williams, deux Anglais, accompagnés d'un naturel, auraient aperçu un dinornis de plus de quatre mètres de haut, mais ils n'osèrent pas en approcher assez pour le tirer.

Si l'on réunit les indications éparses des traditions de l'extrême Orient, le NGAO-YU ou le PONG serait une sorte de ptérodactyle énorme, un oiseau aquatique d'envergure immense, comme le Youen précurseur des tempêtes, il volerait seulement pendant la nuit et ne quitterait la surface ou les profondeurs de l'Océan que pour venir à la faveur des ténèbres déposer sur les flancs des montagnes inaccessibles ses œufs que le soleil fait éclore. L'idée, en apparence si bizarre, d'un poisson qui sort de son élément et peut vivre à terre et dans l'air, n'avait rien d'étonnant dans les régions où l'on voit si souvent des essaims de poissons volants et de LO s'élancer au-dessus des ondes ; une espèce de perche, *perca scandens*, grimper sur les palmiers, le *périophthalme* monter sur les arbres et courir sur le sable comme un petit lézard.

Pendant les trois premières périodes alimentaires, l'homme s'occupa beaucoup moins des rapaces que dans la dernière où la nécessité de mettre sa subsistance principale à l'abri de leurs déprédations l'obligea à étudier les mœurs de ces brigands ailés. Nous avons peine à imaginer ce qu'est l'audace des oiseaux de proie dans les pays où l'homme n'est pas armé du fusil, il est plus difficile encore d'imaginer ce qu'elle devait être avant l'invention du vomérang et des flèches. Le Vaillant et, de nos jours, Lepetit et Quartier Dillon, ont vu les milans planer par milliers au-dessus des villes, fondre en présence des hommes sur les oiseaux domestiques, arracher de force les aliments aux mains des femmes et des enfants.

Chassés, blessés, les parasites reparaissent. Invinciblement attirés par la chair qu'ils voient préparer dans les campements et qu'ils enlèvent en partie malgré la colère impuissante des hommes et des chiens, ils renouvellent souvent la scène des harpies de l'Enéide.

De l'étude des rapaces dans l'extrême Orient, résulta une nomenclature semblable à celle des savants occidentaux.

Le terme YNG ou TCHY, désignant tous les oiseaux de proie, a pour traduction exacte notre mot *rapax*, mais comme la langue chinoise est monosyllabique, le terme du genre est répété dans les composés qui indiquent les ordres et les tribus.

Cette propriété de l'idiome chinois facilitera beaucoup aux peuples orientaux l'étude de la zoologie européenne, si les traducteurs ont soin d'en tirer tout le parti possible. Il n'y aura pas, comme chez nous, un nom scientifique et un nom vulgaire, mais un seul mot réunira en deux ou trois syllabes l'énergie de la définition populaire, la précision du terme scientifique et souvent l'antique, l'universelle onomatopée qui est la vraie dénomination de l'animal.

Voici la nomenclature chinoise des oiseaux de proie :

CHIN-YNG, famille des aquilinés ;

LAO-YNG, falconidés, rapaces à longue queue, YN-TCHEN, faucon proprement dit : PE-KUE, gerfaut ;

YE-YNG, milvinés;

PIEN, vulturidés;

MIAO-YNG, rapaces nocturnes.

Dans les deux premières familles, j'appellerai l'attention sur l'aigle YO-TSO, les faucons NGO, YAO, HAY-HO, l'épervier CHOANG-KIEOU, le SONG, petit faucon dont nous parlerons encore, sorte de balbuzard, dressé comme le cormoran à pêcher au profit de l'homme.

La reine de tous ces oiseaux est la HOANG ou aigle femelle, souvent confondue avec l'être symbolique qui représente les rapaces et réunit en sa figure les attributs de toutes les classes du peuple ailé. C'est qu'en effet les rapaces touchent à toutes les formes des pennifères. Le spizaëte orné porte l'élégante aigrette des kakatoes et du héron; le secrétaire a les longues pattes de l'échassier; le méliérax ou faucon chanteur possède la voix mélodieuse du rossignol.

Même classification pour les rapaces nocturnes.

HIEOU, duc, buboninés, HIEOU-LIEOU *noctua*, genre chevêche;

MIAO-YNG, chat-huant, surinés;

FO, effraie, striginés.

Comme on le voit, les peuples de l'extrême Orient n'ont pas admis dans le groupe éminemment naturel et homogène des rapaces nocturnes, les 6 sous-genres de Cuvier, les 6 groupes de Geoffroy Saint-Hilaire, les 13 sous-genres de Lesson; leur classification se rapproche de celles de MM. G. R. Gray et Charles Bonaparte. Mais si les Chinois se rapprochent des maîtres de la zoologie dans la division intelligente des animaux, ils n'ont pas été pour cela à l'abri de la terreur superstitieuse inspirée par l'aspect sinistre, le soufflement et le cri lugubre de l'effraie.

Cette crainte est universelle, chez l'Arabe, comme chez le Germain, la chouette est le *thir el mout*, l'oiseau de la mort. Le Romain se demandait si le *stryx* était un simple animal, s'il n'était pas plutôt un fils des harpies, une sorcière armée d'un bec crochu et de serres formidables pour ravir les enfants nouveau-nés et se gorger de leur sang. Pour les peuples de l'Asie orientale, l'effraie n'est qu'un oiseau de sinistre présage, un messager de malheur. Elle partage cette propriété avec le CHAN-Y-TSIO, petite pie également redoutée en Occident; avec un TCHIN indéterminé, oiseau funeste, dont les plumes macérées servent à la préparation d'un vin empoisonné. A chaque pas, la zoologie comparée rend évidente l'identité de la nature humaine : aux antipodes, le blanc et le jaune, le rouge et le noir ont éprouvé les mêmes sentiments, conçu les mêmes idées, subi les mêmes erreurs et conquis les mêmes vérités.

Plus on s'applique à l'étude réciproque des peuples, plus on comprend que la fraternité universelle n'est pas un rêve, plus on reconnaît la profondeur de cette parole de KANG-HI : Partout l'homme est l'homme.

Rien ne fait mieux ressortir cette conformité que l'art nouveau qui servira puissamment à l'augmenter encore : l'analyse raisonnée des caractères chinois.

J'ai souvent montré quels services rendait cette analyse dans l'étude des sciences naturelles. En zoologie surtout les signes qui parlent aux yeux sont d'une grande clarté; pour en donner, entre mille, un exemple pris dans ce chapitre, l'hiéroglyphe qui répond à notre mot *rapace* représente un oiseau qui s'élance de son aire sur le dos d'un autre oiseau.

Mais c'est dans les études historiques, c'est dans l'appréciation exacte de la valeur des termes de philosophie morale que l'analyse des signes produit les résultats les plus précieux et fournit des documents incontestables et des dates certaines. L'extrême importance de cette vérité, généralement ignorée ou contestée aujourd'hui en Occident, m'engage à l'appuyer de quelques preuves et à montrer quel degré de confiance méritent ces recherches.

Chez la plupart des peuples, les mots souvent hybrides perdent, en passant d'un idiome à l'autre, leur signification première et représentent des idées bien différentes de la conception originale. Ainsi là où le bardit germanique nous montre le chef de tribu, l'homme de capacité, d'intelligence, entouré de ses hommes de cœur et de main, et de ses ours, fondant sur la terre ennemie, les chroniqueurs gallo-romains nous font voir un roi, suivi de ses comtes, de ses ducs, de ses barons et de ses chevaliers. Trompés par les mots, les Français des temps modernes se représentèrent les Konungs mérovingiens comme des souverains aussi absolus que Sa Majesté très-chrétienne, trônant, comme le roi Soleil, au milieu d'une cour servile et brillante.

Depuis Chateaubriand jusqu'à Augustin Thierry il fallut bien des efforts pour dissiper cette illusion. Chez les peuples de l'extrême Orient, de semblables erreurs sont facilement combattues. Les caractères étant la représentation d'un ou de plusieurs objets, on peut, en prenant séparément la signification particulière de chaque objet, expliquer les passages difficiles et faire connaître l'état de l'empire, de la civilisation, des arts et de l'astronomie chez les anciens Chinois. Les modernes ont voulu rapporter les caractères anciens aux acceptions des temps postérieurs, ils traduisent aujourd'hui par empereur, province, ville, palais, les signes qui ne voulaient dire autrefois que chef de tribu, canton, camp, maison, etc., l'analyse des caractères ne permet pas ces traductions fautives. Elle nous montre dans le caractère YNG, une demeure élevée, un tertre double, sur lequel on a allumé des feux et qui sert de point central, de tour de ralliement et de signal à un camp achevé souvent en quelques jours.

Le caractère KONG, pompeusement traduit par *palais*, ne veut dire que *maison à double étage*. Telle était, en effet, la demeure d'YAO ; le toit était de paille et de terre, les pluies de l'été y faisaient croître l'herbe et le couvraient de verdure.

L'époque de la composition de chaque caractère offre d'autre part des dates incontestables. Ainsi, pour ce qui concerne les vêtements, nous voyons qu'YAO, CHUN et YU étaient vêtus de toile en été et de peau d'agneau en hiver. Les caractères en sont une preuve convaincante puisque les figures de poil et de chanvre entraient seules dans les images représentant les habits. Nous savons que l'usage de la soie avait été trouvé par la femme d'HOANG-TY, 2637 avant Jésus-Christ. Puis nous voyons cet usage disparaître et, suivant la remarque du savant auteur du CHOUE-OUEN, tous les caractères dans lesquels entre l'image de la soie ne remontent pas au delà de la dynastie des TCHÉOU (l'an 1122 av. J.-C). Nous voyons après cette époque les vers à soie devenir l'objet d'un soin particulier. Plus tard on met à profit les cocons sauvages, les bombyces du frêne, du ricin, du fagara ; on signale plusieurs insectes comme pouvant aussi produire la soie : le CHOUY-TSAN, le TCHY-HO ; le KU-TCHU dont la queue se ramifie. *Quoddam insectum ad instar bombycis, quod unicum caput et plures caudas habet et pedes ex utroque latere.*

L'analyse des caractères chinois nous révèle au sujet de l'espèce porcine un grand nombre de faits intéressants dans l'histoire de la zoologie et de l'agriculture.

Genre Porcus.

Nous voyons d'abord que cette espèce a été longtemps libre et nombreuse à la Chine puisqu'à l'époque où se forma le système graphique de l'extrême Orient, elle n'avait encore contracté aucune des habitudes grossières et des goûts immondes qui ont fait du cochon dégradé par l'esclavage le type de la luxure furieuse et de la gourmandise brutale. Le nom du sanglier n'éveillait alors que la pensée de la force et du courage; il était le symbole de la famille, de la confrérie, de toute association de frères ligués pour une défense mutuelle. Le mot HAO, sanglier, veut dire encore un homme robuste, courageux, un chef entouré du prestige de la force et de l'autorité. Un HAO-HIE est un héros supérieur à tous les hommes par les qualités du cœur, un roi illustré par son pouvoir et sa bienfaisance.

Le caractère *Kia,* qui représente un porc soutenant une maison, n'est pas sans analogie avec Vichnou incarné en Verrat et portant le globe sur ses défenses. Ce nom de *Kia* ou *Mén-Kia,* porc protecteur de la maison, était le titre le plus flatteur, le plus honorable que la femme pût donner à son mari, le fils à ses parents, les sujets à leur prince, les disciples à leur maître, les malades au médecin qui les avait guéris. Sous la dynastie des HAN, la distinction de cette appellation flatteuse fut réservée à la personne sacrée du fils du Ciel, à l'aristocratie intellectuelle des lettrés, à la secte du TAO, à l'école de médecine et à la classe estimée des agriculteurs.

C'est dans les livres chinois qu'il est fait mention pour la première fois du cochon à l'état sauvage et à l'état domestique. Ce serait aux Tartares des pays de PIN dans le CHEN-SY, que l'on devrait l'apprivoisement du sanglier. De chez eux cet animal utile se serait répandu dans toute la Chine, dans les royaumes de Siam et de Tonquin, en Afrique, au midi de l'Asie et jusque dans les îles de la mer du Sud. L'introduction du cochon à la Chine remonterait seulement au règne de HEOU-TSY, fondateur de la dynastie des TCHEOU (1122 av. J.-C.) Les Chinois dans ces temps anciens passaient lentement de l'état pastoral à l'état agricole. HEOU-TSY, chargé par CHUN de présider à l'agriculture est représenté dans le CHY-KING comme arrachant les mauvaises herbes, labourant, semant, faisant la moisson et portant sur ses épaules les gerbes du sacrifice. Ce chef étant arrivé à PIN, qu'il avait reçu d'YAO, en récompense de ses services, trouva dans ce lieu une horde de Tartares qui faisaient paître des cochons sur les montagnes, il chassa une partie de ces pasteurs, et partagea le terrain avec les autres ; ce qui est indiqué par la configuration du caractère PIN qui s'écrit de deux façons. La première est formée des figures *montagne et pourceaux* et fait allusion au genre de vie des Tartares ; la seconde est formée des figures *montagne et partage* et rappelle la conquête de HEOU-TSI. De cette époque date aussi le caractère HOAN, mettre à l'engrais les cochons et les chiens alimentaires, leur prodiguer les graines céréales et légumineuses réservées pour terminer l'engraissement ; au figuré par une image naïve et énergique, tromper les hommes par l'appât des bienfaits intéressés, les conduire à leur perte en les séduisant par les témoignages d'une fausse amitié. Le porc de PIN était-il semblable à l'ancien verrat de race normande ? se rapprochait-il encore du sanglier par la longueur des jambes et la force du boutoir ? Etait-ce le porc TCHU, ami des plaines inondées et des terrains marécageux où il trouve en abondance les plantes aquatiques, les racines charnues, les mollusques et les batraciens ; le TCHU à demi sauvage que l'on distingue souvent à peine de l'animal resté libre ? Etait-ce le CHY à longue crinière dorsale, type des cochons de Siam, de la Guinée et du Brésil ? Etait-ce déjà le

cochon chinois dont se rapprochent par les formes extérieures les plus vieilles races de l'Europe ; le noir pourceau du
Périgord, les variétés du Charolais, du Lyonnais, de la Bresse
et du Limousin ? Cette dernière hypothèse ne serait pas trop
hasardée, car le cochon domestique a pris depuis des siècles
la forme actuelle de l'espèce chinoise. A Thèbes en Égypte, un
tableau peint à l'entrée du cinquième tombeau des rois, à
l'Ouest, nous représente une âme coupable, livrée par le juge
suprême aux démons vengeurs, qui la frappent d'un aiguillon
de feu et l'obligent à remonter les degrés douloureux de la
transmigration. Cette âme a pour prison le corps d'un pourceau tout à fait semblable à celui de la Chine.

C'est un animal plus petit que le cochon d'Occident, il a
les jambes basses, le corps épais, le dos arqué du haut en
bas, le ventre très-descendu, fort gros, traînant jusqu'à terre,
la tête courte concave en dessus ; les oreilles sont dressées, la
couleur cuivrée, les soies assez rares, frisées autour des joues.
Il n'a plus rien de la forme du sanglier ou du robuste verrat que les peintures indiennes nous montrent, courant à travers les riches moissons de la déesse LOUKI. Nous trouvons
dans le vocabulaire chinois une nouvelle preuve de cette règle,
qui veut que le nombre des noms distinctifs d'âge et de sexe
soit en raison directe de l'importance reconnue à chaque espèce domestique. Le cochon de lait, le cochonnet, le goret sont
désignés par six groupes différents dont chacun correspond
à une phase de développement. Le porc de trois ans est représenté par trois caractères, le cochon par deux seulement, la
truie par trois signes qui nous la font voir venant de mettre
bas, cherchant ses petits, dévorant un serpent.

Plusieurs animaux inconnus en Europe sont rangés sous le
déterminatif CHY, dont l'image représente un animal *sétigère*
ou couvert de soies rudes, constituant une variété des pilifères,
dans la momenclature chinoise qui a pour base les téguments et l'aspect extérieur. Ces animaux sont le PA, bête dif-
forme, difficile à déterminer, le CHA, le LIN suidien de couleur fauve. Peut-être est ce parmi eux qu'on trouverait quelque analogue des anapalœothériums et des cochons solipèdes.
Le caractère HIAY, porc aux pieds blancs, pourrait bien aussi

désigner une race permanente plutôt qu'une manière d'être accidentelle.

L'étude de ces variétés nouvelles n'est pas sans utilité puisque leur alliance avec la race indigène produirait des métis supérieurs, comme le croisé anglais et le cochon noble. Ce qu'on pourra surtout apprendre des Chinois, c'est l'art d'élever et d'engraisser les pourceaux à peu de frais et en peu de temps.

Cet art obtiendra en Europe une attention croissante. Déjà le cochon présente en agriculture une importance sinon plus grande, au moins plus générale que les autres espèces domestiques. On compte en France plus de cinq millions de ces animaux. Il est des localités où l'espèce bovine n'est nullement représentée, pas même par la vache. On rencontre dans le centre des exploitations rurales où il n'existe pas un seul cheval ; dans quelques fermes des départements du Nord, soumises à une sorte de culture jardinière, où le bétail est rigoureusement tenu à l'étable, on ne voit pas de bêtes à laine. Dans ces conditions diverses et exclusives quelquefois du mouton, d'autres fois du bœuf ou bien du cheval, on rencontre toujours le cochon ; son entretien est toujours possible et avantageux. Car le cochon qui est carnivore, utilise les débris des substances animales et végétales, les glands, les déchets de boucherie, les chevaux abattus, les résidus de distillerie, les salades montées, les orties, les plantes adventices suspectes, les reptiles venimeux, toutes ces substances qui seraient perdues sans lui, se transforment en chair savoureuse et deviennent une des plus précieuses ressources de l'alimentation. Nous ne sommes pas encore arrivés en Occident à la phase agricole où la chair du porc est la seule matière animale qui entre dans la nourriture du peuple ; mais il y a déjà en Europe bien des pays où c'est la seule viande qui soit à la portée de l'ouvrier des campagnes. A la Chine, cette période alimentaire dure depuis plus de mille ans, puisque nous savons qu'elle fût le principal obstacle opposé dans l'Empire central à la propagation de l'Islamisme, dont la morale, le dogme et le culte ne sont pas sans analogie avec le monothéisme national légué par les patriarches des cent

familles à leur innombrable postérité. Si l'auteur du Coran
avait prévu cette circonstance, il aurait sans doute hésité à renouveler l'interdiction de la chair du porc. Cette interdiction,
sanctionnée dans la loi de Moyse par un ordre exprès de Dieu,
avait eu chez les peuples idolâtres une cause moins respec-
table. Les Égyptiens, qui ont les premiers considéré le pourceau comme impur, n'ont appuyé leur opinion sur aucun
motif hygiénique. Ils avaient le porc en abomination, parce
que c'était un animal typhonien, voisin de l'hippopotame symbole de l'inceste et du parricide. Les autres cas d'impureté
n'ont pas des motifs plus sérieux, la mer est impure, parce
que c'est l'écume de Typhon; la vigne est impure, parce
qu'elle est née du sang des géants immolés par les dieux;
l'oignon est impur, parce qu'il est ennemi d'Isis, croissant à
son déclin, faisant boire et pleurer.

L'ÉLÉPHANT.

Si quelques animaux étaient regardés comme les enfants
ou les alliés des génies du mal, d'autres passaient pour des
types de pureté, pour des coopérateurs des esprits de lumière.
Le plus sacré de ces êtres privilégiés était dans toute l'Asie
méridionale, l'éléphant, glorieuse image du savant Ganésa,
dieu de la sagesse et des arts utiles. Le corps majestueux de
l'éléphant blanc était le séjour temporaire où l'âme des bons
rois achevait de se purifier avant de remonter au ciel. L'éléphant offrait des sacrifices et des libations aux divinités
bienfaisantes, il entendait la langue des hommes, c'était un
modèle de douceur, d'intelligence et de pudeur. Ces fables
indiennes adoptées par les Grecs et par les Romains ont laissé
plus d'une trace dans les œuvres de Buffon.

Les Chinois n'ont jamais éprouvé pour l'éléphant cette
vénération superstitieuse; ils l'ont observé avec une impar-
tialité parfaite, avec soin et pendant longtemps, puisqu'il y a
des images d'un empereur de la dynastie des Ming assis avec
ses généraux dans une large tour que portent quatre colosses
bardés de fer, quatre éléphants YU, (*elephantorum grandiores*).

Aux yeux des compatriotes de Confucius, ce YU si terrible
en apparence n'est qu'un CHY ou suidé, protégé par une

peau plus épaisse, armé de défenses plus fortes, surtout d'un boutoir plus long et plus flexible. Malgré sa force et sa grandeur, il est loin d'avoir le courage du sanglier, l'intrépidité brutale du rhinocéros. La conformation merveilleuse de sa trompe ne lui donne pas une adresse égale à celle du singe, ou une sagacité supérieure à celle du chien. Ses actes ne révèlent pas, comme ceux du renard, une intelligence voisine de la raison humaine, LY. L'association des éléphants paraît un attroupement vague et sans liens ; on n'y retrouve pas cet esprit de dévouement fraternel qui a valu à l'association des laies, des marcassins et des jeunes sangliers, la gloire de servir de symbole à la famille et de modèle aux corporations les plus utiles de l'empire. La qualité caractéristique de l'éléphant est une excessive prudence. C'est pourquoi le caractère YU est le symbole de la crainte prématurée du soupçon, de la jalousie, de la prévoyance, de l'attention profonde qui s'attachent avant l'action à tenir compte de toutes les chances défavorables.

D'où ce proverbe ssé-po-ko-y-po-yu : *Negotia non oportet prius suscipere, non elephantorum grandiorum more considerera*, avant d'entreprendre une affaire imite la circonspection du grand éléphant.

L'autorité des peuples de l'extrême Orient vient donc sanctionner les judicieuses observations des savants occidentaux qui n'ont pu étudier qu'un petit nombre de sujets captifs.

L'opinion des Chinois est, comme on le voit, tout à fait conforme à celle de Virey, ils reconnaîtraient leur propre sentiment dans cette phrase de F. Cuvier. « Il est peu d'animaux dont on ait autant exalté l'intelligence et qui, sous ce rapport, aient été jugés avec plus de prévention. *Le trait caractéristique de son esprit est la prudence.*

Cette prudence extrême, cette crainte des embûches et du combat a été aussi observée par Delegorgue chez les éléphants de l'Afrique australe. Une horde gigantesque, nous dit ce hardi chasseur, traverse une forêt sauvage, la masse s'ébranle au son de la trompe et présente un large front où chacun se presse et marche comme si la foule le poussait. Les défenses se heurtent et résonnent ; riche bruit d'ivoire

qui tente, armes terribles qui effrayent, la poussière se sou-
lève en nuages impénétrables à l'œil. Les taillis sont piétinés
comme de l'herbe menue ; tout est couché, l'escadron unit
tout. Est-il des arbres de trois pieds de haut, courbés, déra-
cinés, brisés, leur tête est fréquemment emportée au loin ; et
quand à la marche furibonde et si lourde de la cohorte de
ces Titans s'opposent des végétaux séculaires, leur taille a
beau être grande, leur force extrême, rien ne les préserve. —
Une trombe électrique laisse après elle moins de débris. —
Qu'à soixante pas devant eux se présente un seul homme qui
les défie soit à l'aide d'un bouclier retentissant, soit avec le
fusil, la troupe entière s'arrête et recule. Parfois l'éléphant
blessé par le chasseur qu'il va saisir, part tout honteux et
trotte à la suite de ses compagnons déjà détalés au bruit de
l'explosion. » Il semble que la prudence de l'éléphant para-
lyse en partie sa force et son intelligence.

Tandis que les animaux énergiques apprivoisés tout jeunes reprennent en vieillissant leur fierté native et aspirent
instinctivement à une liberté dont ils n'ont jamais pu jouir,
l'éléphant aisément dompté dans l'âge de sa maturité, oublie
ses compagnons et son indépendance. S'il peut éprouver de
rares accès d'une fureur passagère, il est d'ordinaire doux et
soumis. Souvent quand il s'échappe, le kornack va le trouver
dans les bois, lui parle d'une voix menaçante et le colosse
vient paisiblement se remettre sous le joug de l'homme.

Ce qu'il y a de plus remarquable dans cette excessive circonspection de l'éléphant, c'est qu'elle est en raison inverse de
la taille et des armes. Le grand éléphant de l'Indo-Chine est
beaucoup plus fort que celui de l'Indoustan, c'est un animal
énorme qui atteint de 5 à 6 mètres de hauteur et dont les défenses égalent presque en longueur celles de l'espèce afri-
caine, c'est lui que les Chinois désignent par l'épithète de YU,
(*grandior*) et c'est lui aussi qu'ils ont choisi pour l'emblème
de la méfiance et de la prudence extrêmes.

Cette disposition serait moindre chez le SIANG, éléphant
commun de l'Asie méridionale et dont la taille ordinaire varie de 2 à 3 mètres. Tandis que la race nommée *kœscops* par
les Hollandais du Cap de Bonne-Espérance, race de petite sta-

ture et complétement privée de défenses serait beaucoup plus
dangereuse que ne sont les autres espèces d'Afrique et d'Asie.
Le même fait a été aussi remarqué chez les individus, car
Delegorgue, après avoir parlé du danger extrème auquel ex-
posait la rencontre d'un éléphant surpris à déguster le *makam*
enivrant, qu'il a pris la peine de préparer, ajoute : Il est encore des individus plus redoutables que d'autres, quoique leur
apparence donne une idée diamétralement opposée : je veux
dire ceux qui sont naturellement dépourvus de défenses.

La valeur des caractères YU et SIANG aurait donc suffi
pour établir l'existence des deux variétés principales de l'é-
léphant asiatique et pour déterminer l'attribut distinctif,
des proboscidiens.

Deux variétés analogues auraient existé dans l'espèce fossile
puisque l'examen des caractères chinois, et le témoignage de
KANG-HI nous apprennent qu'il y a deux sortes de FEN-
CHOU ; (mammouth) l'une supérieure en grandeur à l'éléphant YU, l'autre inférieure à l'éléphant SIANG, et de la
taille du buffle. Les paléontologistes actuels ont donc raison
de ne pas admettre avec G. Cuvier une seule espèce d'éléphant
fossile.

Poissons.

Les grandes individualités sociales, qu'on appelle nations,
n'échappent point à cette loi divine qui impose à toutes les
créatures la nécessité de traverser les âges de la vie ; et comme
la destinée des peuples s'accomplit tout entière en ce monde,
leurs transformations ne se dérobent pas à l'œil d'un observateur attentif. La science peut nous apprendre à quelles
conditions l'équilibre s'établit entre des civilisations différentes, et comment, dans un corps affaibli, l'énergie vitale
se ranime par la transfusion d'un sang jeune et riche,
par la lumière d'une grande vérité, par le feu sacré des sentiments généreux. L'Occident qui remue aujourd'hui le reste
du monde, et l'Orient qui aspire au progrès, ne sauraient
trop étudier ces questions pleines des enseignements de l'expérience universelle.

Ces hautes études sont facilitées par les arts nouveaux, qui nous fournissent les moyens d'observer, de mesurer, de comparer le génie national, la puissance intellectuelle des peuples, dans des monuments plus complets et plus fidèles que ceux de l'histoire et de la littérature. Ces monuments, qui conservent avec une exactitude absolue la trace des événements et l'empreinte des pensées, nous les trouverons dans les langues écrites et parlées. Dès que les mots ne sont plus des signes arbitraires et vagues, dès que chacun d'eux est devenu un tableau ou une définition, tout vocabulaire contient la généalogie d'un peuple, l'encyclopédie de ses connaissances, l'itinéraire de ses progrès, le tableau de ses actes de service. Chez les nations qui emploient l'écriture pictoriale, toute division du dictionnaire, appelée classe ou clef, renferme les annales, les développements d'une idée ou d'un fait ; il suffit de les ranger suivant leurs dates pour obtenir les éléments d'une histoire complète. Les avantages mnémoniques attachés à cette disposition logique sont considérables ; c'est pour les conserver que plusieurs peuples orientaux ont préféré, pour leurs dictionnaires écrits, l'ordre naturel des matières à l'ordre des lettres de l'alphabet. Quand la logotomie comparée aura fait connaître les origines et les causes de la signification de chaque son et de chaque forme graphique, la relation intime des mots, des caractères et des choses représentées deviendra évidente, et l'on pourra, avec les vocabulaires phonétiques de toutes les langues, obtenir des résultats analogues à ceux que nous obtenons avec les dictionnaires de l'extrême Orient. Je vais donner ici un spécimen des inductions auxquelles nous conduit une simple statistique, et montrer comment le seul examen des caractères chinois nous apprend quels furent, chez la race mongolique, les développements de la pêche, de la navigation et du commerce, pendant la durée des grandes périodes alimentaires dont j'ai donné l'esquisse. — Vingt-sept figures, représentant des filets, nous prouvent que l'art de la pêche fut toujours en honneur sur les côtes de la mer Jaune et dans les eaux des grands fleuves, des rivières sans nombre et des anciens canaux qui arrosent le vaste empire central.

Nous trouvons dans l'extrême Orient tous les engins énu-
mérés par Lacépède. Ceux qui attirent les poissons par des
appâts TAN, les retiennent par des crochets ; la ligne flottante et la ligne de fond hérissée de haims. Les instruments
avec lesquels on va au-devant de leurs légions, on les serre,
on les presse, on les enferme dans une enceinte, ou ceux avec
lesquels on attend que les courants, les marées les entraînent
dans un espace étroit, dont l'entrée est facile et la sortie in-
terdite, c'est-à-dire toutes les espèces de OUANG ou filets,
depuis le petit TING-LING, jusqu'au YU à neuf sacs et au
grand KOU ; depuis la *seine* traînante jusqu'à ces immenses
filets de 25 à 30 brasses, à ces *thonnaires*, à ces *madragues*,
LOUY, où l'on prend d'un seul coup des milliers de thons et
de saumons. Les Chinois connaissent aussi les enceintes de
joncs ou d'osiers, les nasses de toute grandeur, LIEOU, les
couleurs qui blessent ou attirent les poissons, les lueurs qui
les trompent et les font sauter dans la barque, les feux qui
les éblouissent, les préparations qui les énervent, les odeurs
qui les enivrent, TIAO, les bruits qui les effrayent, les traits
qui les percent, les combinaisons des différents moyens de
destruction nécessaires aux grandes pêches. C'est à la Chine
qu'on a dressé le faucon et le cormoran à exercer, au profit
de l'homme, leur adresse à pêcher. C'est là aussi que le bambou a donné l'idée de plusieurs machines inconnues partout
ailleurs : le PEY, le TCHAO, le TSOUY, qui remplacent le
filet et la nasse ; le TCHO, sorte de long croc qui sert à retirer les poissons du milieu de la vase ; le LO, employé pour
saisir les crabes ; le HONG, au moyen duquel on épuise l'eau
pour prendre à la main les poissons demeurés à sec. Si de
l'énumération des caractères nous passons à leur analyse,
nous voyons qu'elle peut suffire à nous indiquer la manière,
la forme de l'engin de pêche, et la façon dont il saisit sa
proie. Ainsi ces images nous montrent des filets de bambou,
de chanvre ou de soie, tendus sur des perches, des filets les-
tés et flottés, ou séde   , des filets qui se rejoignent,
comme ceux qui forment le cercle de la madrague. Nous pouvons, en rétablissant l'ordre chronologique de ces figures,
suivre les progrès de l'art de la pêche, en commençant par la

javeline, le croc, les bois disposés dans l'eau, TCHIN, et les feux allumés sur le rivage élevé, pour en venir à l'immense filet de soie soutenu par des calebasses et des outres à la surface de l'eau. Ce *vieux mâle*, comme l'appellent les pêcheurs orientaux, est le type premier de ces filets de soie, longs de 5 à 600 toises, jetés à l'ancre, soutenus par des barils, retirés par des cabestans, et dont les Hollandais se servent pour la pêche du hareng.

Sous la même clef, *ouang*, nous voyons aussi les usages variés du filet, les différentes manières de saisir les oiseaux, les lièvres, les ours, les chevaux sauvages ; d'enlacer les guerriers, de retenir les captifs ; de suspendre dans les lieux publics les livres de la loi, afin d'unir dans l'esprit du peuple l'idée de la défense à celle de la sanction pénale. Aussi le filet devient-il un emblème d'esclavage et de mort ; *le filet toujours tendu* est pour les astrologues le signe commun de la planète sinistre que nous appelons Mars, et du génie qui se plaît à répandre sur la terre les influences mortelles de la guerre, de la famine et de la peste.

Les documents relatifs à la navigation ne sont pas moins nombreux que ceux qui se rapportent à l'art de la pêche ; soixante-huit figures se rapportent au déterminatif *embarcation*, ou, suivant la décomposition de la clef TCHEOU, à *tout assemblage équilibré portant sur les eaux*.

Là nous trouvons le grossier radeau d'écorce, le canot, la pirogue, la nacelle légère, les barques étroites et longues, le bateau-glaive, TAO, le bateau carré, le bateau pêcheur, les barques accouplées, la galère aux longues rames, les navires de course, de négoce, de haute mer, qui faisaient un commerce des plus actifs le long des côtes de l'Indo-Chine, de l'Indostan, de la Perse et des bords de la mer Rouge, qu'ils fréquentaient encore au VIIIe siècle. Nous y trouvons ces grands vaisseaux qui parcouraient les îles de l'Asie, s'élançaient à travers le grand Océan, à l'aide de la boussole, connue à la Chine douze cents ans avant notre ère, pour échanger les produits de l'Orient contre les métaux précieux de l'Amérique centrale, et pour y porter, avec les missionnaires, de Boudha, la morale élevée et la pacifique doctrine qui dominèrent dans le Yucatan jusqu'à la domination théocratique des Aztèques.

A côté des quatre formes principales du navire de haute mer, nous voyons l'image des fortes jonques de guerre, aux flancs armés de larges pavois ; les grands vaisseaux de guerre dont l'usage ne s'est pas maintenu, et, ce qu'il y a de plus curieux, le caractère qui représente les cales à comparti-ments, TCHOUEN-TCHANG, ingénieuse invention que tous les peuples devront adopter. Ici encore, l'image aurait pu faire connaître la chose et éveiller l'attention des Européens.

L'industrie pourrait aussi tirer des auteurs chinois des in-dications précieuses au sujet d'un art qui sera toujours une grande source de richesses, et qui, depuis l'invention de Den-kalzoon, a été pour la Hollande un moyen de prospérité, l'art de tirer tout le parti possible des produits de la pêche. Dix caractères signifiant saler les poissons, les faire sécher, les encaquer dans le YU-PAO, enfiler dans un jonc, pour les faire sécher à l'air, les PE-SIANG, petits poissons blancs très-communs, farcir les poissons avec du riz, les hacher, les faire macérer dans l'huile ou le sel, les employer à la prépa-ration du TCHA, fabriquer le caviar, la colle de poisson, PIAO-KIAO, le condiment fourni par la chair du TCHY, dont la tête est d'un si grand prix, qu'elle a donné lieu à ce proverbe : *Melius est sœculorum multorum domum quàm piscis TCHY caput dimittere*. Enfin, cent trente figures se rattachent à un autre produit des eaux, le *coquillage de mer*, car c'est la plus ancienne de toutes les monnaies, l'antique emblème de la fortune et du négoce, désignant à la fois le pouvoir des ri-chesses et le génie des fleuves PEY ou PAYE, qui préside à toutes les transactions commerciales, au juste salaire et à la considération publique.

Aussi, malgré les efforts des empereurs pour concen-trer sur le sol national, sur l'agriculture toute l'activité des Chinois, nous voyons toujours les peuples de l'immense lit-toral du Céleste Empire préférer la mer et le commerce, chercher avec ardeur une fortune promptement acquise à travers les dangers et les aventures des voyages lointains ; c'est ainsi qu'ils remplissent les îles de l'Asie méridionale, le royaume de Siam, et se répandent par myriades dans l'Australie et la Californie. C'est avec raison qu'un Américain a dit : *The Chinese are the Yankees of Asia. They are by nature emigrators and adventurers.* Cet amour passionné de la mer existait déjà dans la haute antiquité. Les sages des vieux temps disaient avec les sectateurs de Vichnou: Tout est sorti du principe humide de l'eau primitive CHOUY. L'état liquide est l'état naturel et normal, donc l'état solide et l'état gazeux ne sont que les perturbations extrêmes dans le monde et dans tout être organisé l'élément aqueux l'emporte en quantité sur les autres. Cette doctrine se rapprochait de la théorie émise par le docteur Prout et soutenue par M. Dumas : Tous les corps sont de l'hydrogène condensé. — Mais si tous les êtres étaient sortis de la mer, les prototypes de tous les êtres devaient subsister encore dans le vaste sein de l'Océan. Il en était ainsi, suivant la croyance universelle de l'Orient, le poisson tenant au reptile par le YU-YOUEN la grande tortue marine, aux oiseaux par le LO, aux quadrupèdes par le cétacé NY, à l'homme lui-même par le fameux YU-JIN, le triton chinois dont la peau est blanche, la chevelure semblable à une crinière de cheval et la queue longue de six coudées. Cet être fantastique n'a pas à la Chine le talent de jouer de la conque marine, sa femelle est dépourvue du chant mélodieux de la sirène hellénique, mais il a pour proche parent un *homme-poisson-dragon*, doué d'une faculté non moins précieuse, c'est le KIAO-JIN-LONG, dont les larmes se changent en perles. Sa queue est semblable à celle d'un poisson indéterminé, considéré comme un être réel, et qui porte, dit-on, des perles sous une peau de squale, propre à faire d'excellents fourreaux.

Voici la nomenclature chinoise des habitants des eaux *cétacés* KOUEN, KING, poisson chef, baleine mâle, poisson de haute mer, NY, baleine femelle. Aucun de ces animaux n'est le roi des poissons, après le Ngao, qui règne à la fois dans l'air et dans les eaux, le maître de l'Océan est le LY, auquel on accorde l'intelligence du renard et peut-être la raison humaine; ce qui est d'autant plus remarquable que les chinois ont fait du poisson un symbole de stupidité.

Genre squale, type le requin, CHA.

Poissons plats, plies, fletans, turbots, type la sole, scientifiquement KIAY, en langue vulgaire HIAY-TY-YU ou PY-MO-YU.

Anguilliformes NIEN-CHEN, TCHIN, type l'anguille de rivière MOEN.

Marsouin Y, HEOU-Y, tursio, sus marinus, KY, TAY.

Hydres TO?

Poissons volants TCHANG, FEY, YU, équivalant exact du nom français.

Cyprinoïdes, type l'*able*, le petit poisson doré KIN.

Lamproie LY-YU, TCHONG, TCHEOU, TONG.

Tortue marine YOUEN.

Crocodile NGO, dont les figures signifient le grand piscivore.

Crustacés crabes, crevettes ou chevrettes, HEOU, FEN, HIA.

Coquillages de mer principalement les huîtres KANG, HAN.

Puis environ 40 genres indéterminés dont le plus important est celui du TCHANG, grand poisson de couleur brune, ayant la tête pointue, tout le corps couvert d'écailles, atteignant jusqu'à 20 et 30 coudées de longueur, sa chair est jaunâtre, il pèse quelquefois mille livres, on l'appelle aussi HOANG-YU. Ne serait-ce pas l'esturgeon?

Le CHY, qui à la quatrième lune remonte de la mer dans le fleuve KIANG et retourne dans la mer à la huitième lune, ne serait il pas le saumon?

Quant au TSING-YU, dont le fiel, ainsi que celui de plusieurs tortues passe pour avoir des propriétés ophthalmiques, je ne lui vois d'autre analogue que le poisson de Tobie. Le TSING disent les Chinois, se nourrit de petits coquillages, et son fiel éclaircit la vue, la tradition biblique nous apprend comment se fait l'opération qui guérit la cécité, il suffit d'appliquer le fiel sur les yeux d'un aveugle pour lui rendre instantanément le sens qu'il avait perdu.

Tortues.

Suivant l'ordre chronologique des traditions primitives du genre humain, nous placerons à la tête des habitants des eaux les Chéloniens, regardés par les peuples de la Chine et

de l'Indostan comme les aînés de la création, et les chefs de
la grande famille des Testacés et des Squamifères. — Les inductions de la zoologie comparée donnent lieu de croire que
la liste des tortues ne se bornera pas aux 80 espèces qui se
trouvent dans les collections de l'Europe, mais que l'Occident pourra bientôt s'enrichir de plusieurs races utiles par
la beauté de leur écaille, par la saveur de leur chair et de
leurs œufs. Faciles à acclimater, à nourrir, à engraisser, les
genres MY-MA, PIE et KOUEY offriraient à l'alimentation
et aux arts des ressources nouvelles. Il est même probable
que plusieurs tortues terrestres et plusieurs émydes des régions tempérées de l'extrême Orient se multiplieraient, à
l'état libre, sur les côtes méridionales de France, dans toutes
les îles et sur toutes les côtes de la Méditerranée.

Je vais essayer d'établir la synonymie des sept principaux
genres de tortues de la nomenclature orientale. Après la
mystérieuse *Youen*, dont nous parlerons encore, vient le
chélonien que l'on considère comme le plus fort de l'espèce et
qui porte en conséquence le titre de NGAO, c'est le type des
Chelones, la Caouane, la plus grande de toutes les tortues
marines qui paissent les algues et peut-être les polypiers flexi-
bles au fond de toutes les mers chaudes.

La HOEY, L'HOANG-LING pourrait bien être le carret,
testudo imbricata, si connu dans les mers de l'extrême Orient
et qui fait dans l'île de Celèbes, l'objet d'un commerce fort
considérable. La MY-MA, *testudo mydas*, est la *Chelone franche* peut-être aussi la grande tortue non décrite, qui malgré
sa taille avait échappé aux naturalistes européens jusqu'au
temps où M. Bory de Saint-Vincent la découvrit sur les côtes
de la Morée. La MY-MA est bien définie par ces mots : Tortue
marine alimentaire, car sa chair est excellente, sa graisse
qui communique au bouillon une couleur verdâtre est hui-
leuse sans être affadissante sur le goût le plus délicat, tand.
que la chair de la caouane et du carret est médiocre, et passe
pour malsaine. On ne s'est pas borné à épier la MY-MA,
à la surprendre avant l'aube, quand elle vient cacher ses œufs
dans les sables du rivage; mais on a établi pour elle des parcs,
où une nourriture abondante la rend bientôt digne de figurer

sur les tables somptueuses de la Chine, de l'Inde et de l'Angleterre.

La tortue PIE serait une émyde, la *bourbeuse*, le MO-PIE
est la potion médicinale dont cet animal est la base. L'emploi
n'en est pas inconnu en France et les pharmaciens de Paris
font encore quelquefois venir de Marseille des émydes pour
en préparer des bouillons.

Plusieurs passages des auteurs chinois feraient penser qu'il
y a des émydes dont l'écaille est non moins précieuse que
celle du carret. Le nom et le caractère de la PIE entrent
dans la définition de la carapace et du plastron de toutes les
tortues, PIE-KIA. Il est probable que les tortues rangées sous
la clef *Mong* sont des *Chélides* et qu'elles doivent cette place
à la destruction qu'elles font des batraciens et à la disposition
de leur bouche, qui n'a pas la forme d'un bec de perroquet,
mais est fendue en travers comme celle d'une grenouille ou
d'un crapaud. Et pour le dire en passant, l'étude de la clef
Mong nous montre jusqu'où vont les résultats de l'identité
de l'esprit humain. Les proverbes populaires de l'Orient et
les apologues de l'Occident, accusent la grenouille d'envie,
de vanité ridicule, d'ambition impuissante et de lâcheté.

Le signe et le nom des grenouilles de la petite espèce OUA
sont synonymes des propos déshonnêtes et des chansons in-
fâmes qui blessent l'oreille du sage. Mêmes croyances chez
les Hellènes, les coassements des filles du marais imposent
silence à Philomèle, injurient Cérès et chassent le sommeil
loin de Pallas qui revient accablée de fatigue d'une expédition
guerrière. Le déterminatif KOUEY définit la tortue un animal
à double enveloppe d'écailles imbriquées, de couleur variée
portant des lignes semblables aux caractères de l'écriture. Les
Kouey se subdivisent en quatre sous-genres PO, PIE, HOANG-
LING, et LO-MAO, ou tortue aux poils verts. Le père Basile
de Glemona la définit: *Quœdam testudo quœ supra dorsum,
dùm aquis innatat, virides pilos ostentat.* Cette tortue existe-t-
elle réellement? N'est-ce qu'une forme imaginaire destinée
à établir un lien de plus entre les pilifères et les squamifères?
La couleur verte de la carapace de la Chélone franche a-t-elle
donné lieu à une illusion d'optique? L'observation peut seule

résoudre cette question. Tous les Kouey, ainsi que l'indique
leur nom, possèdent le privilége de servir d'intermédiaires
entre les esprits et les hommes. Les signes mystérieux, les
Ouen, types premiers des nombres et des *Koua* de *Fo-hi*, sont
tracés par les génies sur l'écaille de ces livres vivants, les
saints peuvent y lire les secrets de l'avenir. Voulait-on connaître l'enchaînement de la tendance des esprits avec les
choses futures et les volontés de l'homme ; désirait-on savoir
de quelles réactions le mécontentement des surveillants célestes menaçait les coupables, et quelles satisfactions devaient
les apaiser ; on avait recours à cette sorte de divination que
les Grecs appelaient *empyromantie*. On rôtissait, en suivant les
rites anciens, des carapaces de KOUEY. La forme, la direction,
les accidents de la flamme et de la fumée, et surtout les couleurs que conserve l'écaille, après avoir subi l'action du feu,
livraient la réponse du ciel à la sagacité des augures. Cette
superstition n'est pas d'origine indienne. Avant l'invasion du
boudhisme les tao-sse avaient déjà fait de la tortue et du serpent des animaux sacrés. Ne tuez jamais les tortues, ne frap-
pez jamais les serpents, dit le livre de la sublime Doctrine. La
raison de ce précepte est oubliée, les commentateurs n'avan-
cent pour l'appuyer, que des fables ridicules dans le genre
de celles-ci.

» Il arriva à Yo-tcheou qu'un homme du peuple ayant des-
» séché un étang, y prit une grande quantité de poissons et
» beaucoup de tortues ; il sépara la chair de ces dernières et
» alla porter les écailles à KIANG-LING, pour les vendre, ce
» qui lui rapporta beaucoup d'argent. Mais il se trouva peu
» de temps après frappé d'un ulcère qui lui dévora tout le
» corps, en lui causant des douleurs intolérables ; on le
» plongea dans un bain tiède, mais il prit insensiblement
» la forme d'une tortue et en moins d'un an, sa chair tomba
» en pourriture et il mourut. Au temps des cinq dynasties,
» il y avait à LOUNG-CHAN plusieurs esclaves qui faisaient
» des terrasses autour d'une plantation d'arbres à thé ; ils
» aperçurent un serpent blanc, grand comme une poutre.
» Ils prirent tous leurs bêches et se réunirent pour le tuer.
» Un seul d'entre eux, nommé IU, fit ce qu'il put pour les en

» empêcher. Le lendemain matin on vit descendre de la mon-
» tagne voisine une jeune fille, vêtue d'une robe blanche, et
» portant une corbeille de champignons ; les esclaves cou-
» rurent aussitôt pour les lui arracher ; le seul IU n'y alla
» pas. Quand ses compagnons revinrent, ils firent cuire les
» champignons ; mais IU éprouva tout à coup un violent mal
» de tête et alla se coucher. Il vit en songe la jeune fille qui
» lui dit : Les champignons qu'on m'a pris sont vénéneux ;
» comme vous n'avez point participé au mal que m'ont fait
» vos compagnons, je vous avertis de n'en pas manger. Tous
» ceux qui avaient mangé des champignons furent, au bout
» de dix jours, attaqués d'un vomissement de sang et en
» moururent ; le seul IU échappa à cette maladie. Ainsi,
» ajoute le commentateur, quoiqu'on soit en général obligé à
» la même humanité envers tous les êtres vivants, on doit en-
» core plus de ménagements aux tortues et aux serpents qu'il
» ne faut jamais faire mourir. » — Les lettrés comme les
sages de l'Inde et les apôtres du boudhisme primitif rapportaient cette loi à des considérations d'un ordre plus élevé.

Suivant l'ancien dogme oriental, l'ensemble de la création exista dans la pensée divine avant de se manifester
dans l'univers par des émanations successives. Sous la diversité infinie des êtres il y a un seul plan, une seule idée,
une seule vie, se développant avec un ordre admirable à travers des formes sans nombre. C'est pourquoi il y a au milieu
de la chaîne immense, des organisations qui présentent à la
fois le résumé des créations passées et les rudiments des
créations futures. La plus remarquable de ces conformations
qui rappellent à l'homme savant et religieux le plan divin
tout entier, c'est la conformation de la tortue ; reptile à quatre pieds, ayant à la fois ces deux squelettes depuis si longtemps reconnus en Orient, le squelette intérieur des verté-
brés et le squelette extérieur des insectes. La grande tortue
marine semblait aux anciens, la mère, l'origine, l'YOUEN
des crustacés, des mollusques, de tous les êtres à maison por-
tative. D'elle, par des poissons et des mammifères que protége
une armure écailleuse (analogues des coffres et des tatous),
étaient sortis tous les habitants de la mer et de la terre. Il

était facile de trouver des tortues faisant le passage du chélonien au batracien, à l'ophidien dont elles ont la longue queue, au pachyderme dont elles ont la peau molle, épaisse, résistante et le nez prolongé en forme de groin ou de petite trompe. — L'énergie vitale de la tortue était encore une raison de la consacrer au Dieu conservateur et les brames en firent un des attributs de Vichnou. La propriété de retirer tous ses membres vers l'intérieur de sa boîte osseuse fit aussi choisir l'émyde pour le symbole de la force qui attire tous les corps vers le centre de la terre. Dans les tableaux de l'Inde nous voyons sous cette forme symbolique, la pesanteur luttant contre la force qui lui est opposée et que figure un immense serpent d'azur, étoilé d'or, tournant rapidement sur lui-même; la terre et les sept cieux se tiennent en équilibre à l'aide de cet éternel combat auquel semble présider le triangle équilatéral, antique image de la trinité divine (1).

A l'époque reculée où commença la civilisation chinoise, les sauvages, compagnons d'Yao, n'avaient aucune idée de ce symbolisme savant, de cette recherche patiente du reflet divin dans les moindres créatures; cependant ils avaient déjà une répugnance marquée à détruire la tortue. Il leur semblait injuste et cruel de tuer un animal utile, qui purifie les eaux, donne des œufs bons à manger, un être innocent qui ne cherche jamais à se servir de ses fortes mâchoires contre les hommes qui le tourmentent. Puis, il leur était pénible de lutter contre cette vitalité si tenace, qui peut résister à des jeûnes, à des blessures qui tueraient toute autre organisation. La tête tranchée, le corps ouvert, la carapace arrachée, la tortue conserve encore le mouvement et la vie. Suivant les pêcheurs de Célèbes, cette énergie vitale serait telle que le carret, pour ainsi dire dépecé vivant par l'opération qui lui enlève sa carapace, pourrait à plusieurs reprises renouveler son écaille.

Aucune interdiction religieuse ne laissa des traces aussi profondes que celle qui proscrit la chair de la tortue. Aujourd'hui même les Grecs ont pour cet animal une sorte

(1) N. Müller, Tab. 1, d'après le dessin original d'un Brahmane.

d'horreur et ne peuvent concevoir qu'on ose s'en nourrir.

Telle est l'histoire de la plupart des préceptes de ce genre. Un sentiment naturel et simple, quelquefois une précaution hygiénique, devient un dogme savant, bientôt obscurci, détruit par le symbole qui avait été destiné à le conserver, et remplacé à la fin par une fable absurde, par une attestation individuelle sans autorité, jusqu'au jour où la science réunissant ces formes diverses de la pensée, conduise à la réhabilitation de l'esprit humain.

Quand un événement politique attire l'attention publique sur une contrée, l'industrie, exploitant cette curiosité d'un jour, produit à la hâte des compilations innombrables qui périssent avec la cause éphémère de leur existence. Il ne reste aucun souvenir des tableaux inexacts, des fables ridicules et des préjugés surannés qu'elles ont remis en lumière. Le contact de l'Asie orientale avec le reste du monde ne doit pas être aussi légèrement traité, c'est un fait immense qui intéresse à jamais le genre humain tout entier. Deux civilisations, deux mondes trop longtemps séparés sont en présence et cherchent à se connaître, à se pénétrer. Ils ne doivent y parvenir que par des études réciproques et sérieuses ; la science peut seule renverser les barrières contre lesquelles ne peuvent rien le canon qui brise les murs de granit et le fer qui perce les digues séculaires de l'Océan. Mais les peuples comparativement jeunes, ont une peine infinie à comprendre la possibilité des phases de la vie sociale qu'ils n'ont pas déjà parcourues et les arts qu'ils n'ont jamais pratiqués. La plupart des sinologues se font encore une idée fausse de la nature de cette écriture philosophique, intelligible à des peuples nombreux, qui parlent des langues différentes et n'ayant entre elles aucun lien de famille, aucune conformité de génie. Les affirmations de nouveaux témoins, chaque jour plus nombreux et mieux instruits, rétablissent la vérité et nous présentent l'idéographie de l'extrème Orient comme un des plus puissants instruments que la Providence accorde à la diffusion du savoir, aux progrès de l'universelle charité.

Un savant missionnaire anglais, collaborateur du P. Medhurst et des lettrés, qui, après dix années d'un travail

assidu, ont publié la première traduction complète de la Bible
et de l'Évangile, M. Milne a dit : « Le langage des livres est
le même dans les dix-huit provinces de la Chine, quelque
différence qu'il y ait dans la langue parlée d'une province à
une autre. (Il est également le même au Thibet, au Japon,
dans le Tonquin, en Cochinchine, en Corée et dans les îles
de Lieou-Khieou).

» Cela vient de la peinture pictoriale du langage écrit,
chaque caractère représentant une idée souvent indépendante
du son ; de sorte que les natifs de différentes provinces, qui ne
s'entendraient pas entre eux dans une conversation, ont la
ressource de communiquer en écrivant. Quelquefois, lors
qu'ils lisent un ouvrage chinois, s'ils ne peuvent se faire entendre à cause de la diversité de la prononciation, il leur
suffit de montrer le livre à leur auditeur, de quelque province qu'il soit. Pour des centaines de millions de Chinois,
nous n'avons pas à étudier quatorze à vingt langues différentes, comme dans l'Inde anglaise. Tous les livres de la
Chine parlent une seule langue. Dans un vaste champ, avec
la population considérable que nous offre la Chine, cette particularité donne un grand avantage. Les écrits européens
imprimés dans la langue des livres pénétreront et se feront
comprendre partout. Dieu soit béni, pour avoir préparé les
canaux qui porteront aux recoins les plus reculés de la Chine
les silencieux messagers de la paix ! »

Mais, selon M. Milne, cette langue des livres serait excessivement difficile à apprendre. Pour parvenir à s'en rendre
maître, il faudrait déployer toutes les forces de son esprit et
de son corps; c'est l'œuvre d'une vie entière. Qui ne recu-
lerait devant une pareille étude ? Or, comme je sais, par ma
propre expérience, qu'il y a dans cette langue écrite, en raison
de sa nature même, un moyen certain d'en rendre l'étude
facile, attrayante, prompte et sérieuse à la fois, assez profonde surtout pour faire comprendre les nuances infinies des
caractères synonymes, je me fais un devoir d'insister sur
cette découverte, d'en préparer l'enseignement par des
exemples, par des faits matériels, par des résultats d'une utilité générale. J'ai commencé par les sciences naturelles; mais

combien de domaines, plus vastes encore, sont ouverts à l'étude réciproque des peuples ! La haute philosophie, l'économie politique et sociale donneront lieu à des parallèles intéressants et instructifs ; car on a pour terme de comparaison le plus ancien État du monde, la nation qui a si bien défini la liberté : TSE-YEOU, TSE-YONG, *l'empire de soi-même, le développement utile des facultés natives,* donnant ainsi la loi morale et l'accomplissement du devoir comme la condition première et indispensable de toutes les libertés. N'est-ce pas sous une autre forme la grande pensée de l'Apôtre: Là où est l'esprit divin, l'esprit de science et d'amour, là aussi, mais là seulement, est la liberté.

Dans l'enquête des animaux de l'extrême Orient qui sont inconnus en Europe, nous sommes arrivés aux limites de l'ancienne classification chinoise, reposant à la fois sur les traditions de l'histoire primitive et sur l'importance des services rendus à l'homme par les différentes classes de la nature vivante. En raison de ce point de vue, chez les Orientaux, l'entomologie n'est pas devenue populaire dans toutes ses parties. La statistique des signes nous prouve que toute l'attention a été fixée sur les insectes utiles, et plus encore sur les insectes nuisibles. Après le ver à soie et sa nombreuse famille, et ses produits qui ont un article particulier dans le vocabulaire, les moustiques, les criquets et les sauterelles tiennent le premier rang ; les abeilles, les coccus qui donnent la gomme-laque, les PE-LA qui produisent une belle cire, les mollusques à perles ne viennent qu'en troisième ordre, et l'on ne paraît pas, malgré leur utilité commerciale, leur avoir accordé plus d'importance qu'aux scorpions, aux mille-pieds venimeux ou à la foule des parasites de l'homme et des cinq grains.

ENTOMOLOGIE.

Parmi les espèces du genre cousin, il en est de plus nuisibles que celles dont les habitants du *Kovang-tong* se préservent, comme ceux du Delta, au moyen des feux, des lits placés à l'étage supérieur, et du conopeum OUÈN-TCHANG.

En 1842, M. Herpin, de Metz, dans les Mémoires de la Société centrale d'agriculture, fit connaître l'existence des petits diptères (chlorops), dont les œufs déposés dans les épis naissants, produisent des larves qui, chaque année, détruisent un soixantième de la récolte du froment et des autres céréales. Jusqu'alors ces dégâts considérables avaient été attribués par les cultivateurs à une maladie de la plante, à la sécheresse ou à d'autres accidents de végétation. Le fait était connu à la Chine de temps immémorial ; nous en trouvons la preuve dans les observations physiques de l'empereur KANG-HI :

« Le pays de Tsei-ouang-ho-ha est marécageux. Presque
» toutes les terres y sont basses, de manière qu'on n'y peut
» semer que du riz d'eau. Il y a quelques années, la moisson
» ne donna que des cousins. Le riz était monté en épis à
» l'ordinaire, mais à mesure qu'ils mûrissaient on en voyait
» sortir les insectes par essaims. Tous les grains en étaient
» remplis. J'envoyai un grand de ma cour (TA-JIN) sur les
» lieux pour vérifier ce fait singulier. Il nous assura, à son
» retour, qu'il avait vu le phénomène de ses propres yeux.
» Nous nous souvenons d'avoir lu, dans le KAN-Y-VOU-
» TCHEI, qu'il y a un végétal, à LING-PIAO, qui porte des
» cousins, c'est-à-dire que quand les fruits, qui sont assez
» gros, arrivent à maturité, il en sort des nuées de cousins. »
Les gens du pays le nomment OUEN-TSE-CHOU, la plante aux cousins (l'arbre aux moustiques). Les Chinois ont aussi depuis des siècles cherché à détruire les FEY-KOU, et leurs larves qui se nourrissent des grains qu'elles corrompent, qu'elles changent en une matière gélatineuse et nuisible avant de se transformer en papillons. Ces FEY-KOU sont la teigne des blés, et la désastreuse *alucite*, dont M. Harpin a si vivement décrit les effroyables ravages. Déjà, dit-il, l'Angoumois, le Limousin, le Berry, la Touraine, le Blaisois, la Sologne, sont envahis. Bientôt les habitants de la capitale menacés de disettes affreuses, verront avec effroi s'approcher d'eux un fléau dont ils se rient aujourd'hui, à l'existence duquel ils refusent même de croire ; c'est alors seulement qu'ils pourront se faire une idée juste des souffrances et des pertes

de ces malheureux cultivateurs qui voient, chaque année, les fruits de leurs peines et de leurs travaux disparaître dévorés dans leurs champs et sous leurs yeux, et leur pécule s'engloutir sans qu'ils puissent même prévoir un terme, un adoucissement quelconque à leurs maux. Beaucoup de plaintes arrivent de tous côtés contre les parasites des céréales; on demande la destruction de ces insectes; mais la connaissance de leurs mœurs est encore si peu avancée qu'il est douteux qu'on parvienne à les détruire ou à les éloigner actuellement de nos cultures. Il y a là, comme on le voit, dit M. Bory de Saint-Vincent, bien des recherches à faire, car la connaissance positive de ces diverses et nombreuses espèces ou variétés peut seule nous éclairer suffisamment pour nous suggérer des moyens de préserver nos céréales de ces ennemis. La zoologie comparée peut rendre à cet égard de nombreux services. Le peuple cultivateur par excellence peut donner à l'Europe des conseils inestimables. Le gouvernement chinois fait répandre par milliers, dans les campagnes, des instructions propres à diriger les agriculteurs dans la guerre défensive qu'ils soutiennent contre des adversaires formidables par leur nombre, leur fécondité et par la petitesse même qui les dérobe à nos coups. Les livres qui contiennent ces instructions ne sont pas des ouvrages de luxe, mais le style en est simple, clair et précis, leurs gravures sur bois sont grossières, mais très-exactes. Il serait bon de ne pas dédaigner la vieille expérience orientale, et de faire l'essai des moyens préservateurs conseillés par l'autorité du fils du Ciel et par la science de l'Institut impérial de Pékin.

[1] C'est contre les criquets et surtout contre les criquets voyageurs (*acridium migratorium*) que les Chinois ont dirigé les plus grands efforts. Ils n'ont pas confondu ces insectes avec la sauterelle, ils en distinguent toutes les variétés. Plus d'une fois les édits impériaux ont donné, pour leur destruction, des avis que toutes les régions chaudes de l'ancien continent peuvent suivre avec profit, et qu'il ne sera pas inutile de faire connaître et de répéter aux colons de l'Algérie.

[2] Lorsque les nuées de criquets obscurcissent la lumière du

jour, brisent les arbres sous leur poids et traversent les grands fleuves , ni les épouvantails, ni le bruit des instruments, ni les cris, ni les armes des populations levées en masse, ni les immenses fosses pleines de paille enflammée, ne peuvent arrêter, détourner ou détruire ces voraces envahisseurs; ils débordent les plus longues lignes de bataille; ils franchissent les obstacles les plus meurtriers; exterminés par milliers, ils sont remplacés par des bandes plus nombreuses. L'homme fatigué se lasse, le torrent dévastateur ne s'arrête qu'après avoir changé en désert des contrées fertiles, et les cadavres amoncelés répandent au loin les émanations de la peste. Pour délivrer le pays de ce cruel fléau, il faut chercher avec soin les nids souterrains, les trous dans lesquels les essaims ont déposé leurs œufs. Il faut, dès les premiers jours du printemps, détruire les petits nouvellement éclos, et les nymphes qui n'ont pas encore les ailes de l'insecte parfait. Un enfant pourra ainsi exterminer en un jour des légions d'ennemis que plus tard des milliers de bras menaceraient en vain. Comme le dit TCHIEN-TSÉE, ce qui est vrai dans un ordre de la nature a sa répétition dans tous les autres. Il faut partout, pour anéantir un mal, l'attaquer dans sa racine, dans son germe : alors une faible main accomplit aisément ce qui plus tard serait impossible à toute une armée.

On ferait un volume de tous les moyens que les Chinois ont trouvés pour la destruction des insectes; soit qu'on s'oppose à leur multiplication par un mélange bien entendu, par une variété savante des cultures ; soit qu'on poursuive au pied des tiges et dans la profondeur du sol les vers qui rongent les racines. Parmi ces nombreuses recettes, il en est trois d'une extrême simplicité. Jetez dans l'eau de l'écorce de tremble, vous ferez périr les puces du poisson. La paille du blé sarrasin écarte les punaises ; la fumée du soufre apaise la douleur de la piqûre du scorpion, elle en détruit le venin : une allumette suffit.

Les symboles empruntés à l'entomologie sont les mêmes qu'en Occident. Le ver rongeur est un sectaire fanatique, le courtisan est une sangsue publique, l'espion de police est une mouche.

Mandarin qui voit de l'argent, c'est la mouche qui voit du sang, nous dit un proverbe populaire à la Chine.

Comme je l'ai fait souvent remarquer, partout les mêmes comparaisons , les mêmes types, les mêmes images ; il n'y a de variété que lorsqu'il s'agit de la beauté des femmes. Chaque race humaine a son idéal particulier. Un Chinois, parlant de la difficulté de traduire en son écriture les littérateurs occidentaux, faisait cette remarque : Un poëte d'Europe croit avoir peint une beauté parfaite quand il a décrit de longs cheveux blonds qui tombent en boucles sur les épaules, de grands yeux bleus, des joues semées de roses, une taille fine et légère.

Pour un Chinois, la *couleur blonde* est une disgrâce de la nature, *cheveux frisés* est une injure, joues semées *de roses* signifie pudeur expirante. Parler de la taille d'une femme est une grossièreté; les *yeux bleus* ont quelque chose d'étrange et d'un peu ridicule.

Pourquoi cette exception à l'unité du symbolisme ? C'est que l'idée de la beauté physique varie suivant les races, les temps et les lieux, tandis que la beauté morale est immuable et universelle.

L'ordre parfait de cette vaste collection suffirait à démontrer l'utilité de l'étude réciproque des peuples. Les fondateurs de cet établissement ont voulu en faire un tableau de la nature entière. Afin qu'il pût servir à la fois à l'enseignement des sciences naturelles et à celui de l'économie politique, ils l'ont divisé en deux parties : La Chine, le reste du monde. Dans le muséum chinois, chaque province a son muséum particulier. C'est là que l'empereur doit prendre une connaissance exacte des besoins et des ressources des différentes contrées. Cette étude est regardée comme la condition première d'une bonne administration. Il faut bien, disent les Chinois, que le père commun de la grande famille étudie par lui-même les productions, les richesses et même les raretés de l'empire ; sans cela, comment subordonnerait-il à ces réalités les vues de sa politique ? Ces collections provinciales ont toujours excité le plus vif intérêt ; les anciens marbres chargés d'inscriptions, les restes d'antiques monuments, les vestiges d'un passé révéré ne tiennent que le second rang. A côté du vaste muséum national est placé le muséum universel. On y a rangé, suivant l'ordre des règnes naturels et de l'ethnographie, tout ce qui a été présenté de plus curieux aux empereurs depuis plusieurs siècles, soit des pays limitrophes, soit des régions les plus éloignées. Quand un objet remarquable est offert au chef de l'État, la peinture exacte de cet objet doit, en même temps, être mise sous ses yeux et déposée au muséum ; en sorte que, chaque armoire, chaque tiroir a ses cahiers, cartons de peintures représentant fidèlement tout ce qu'on y a renfermé. Cette sage mesure, tout en ménageant le temps des gardiens, facilite beaucoup les recherches, et peut, en plusieurs circonstances, fournir des renseignements suffisants. Puis, comme le pillage et l'incendie peuvent détruire les plus riches bibliothèques et anéantir des faits précieux pour la science, un second recueil de ces peintures est conservé en Tartarie, et des éditions polychromes, destinées au peuple, répandent dans tout l'empire d'innombrables images des productions principales. La fidélité scrupuleuse des peintres du palais semblerait excessive aux artistes de l'Occident ; la vérité fait à leurs yeux tout le mérite d'un tableau. Un artiste européen avait placé des *lien-hoa* sur le premier plan d'un grand paysage ; un peintre chinois, de ses amis, lui fit observer qu'il avait omis quelques fibres, quelques échancrures dans les feuilles ; et il ajouta : « C'est une bagatelle, sans doute ; on ne peut guère s'en apercevoir, au point de vue de votre œuvre, mais un connaisseur ne pardonne pas ces sortes de négligences.» Les grands maîtres de la peinture chinoise ont composé des traités spéciaux et fort longs sur la représentation des végétaux et des animaux, et ce qu'on ne soupçonnerait pas en Occident, ils ont traité certaines plantes, certaines fleurs, comme on traite en Europe la figure, c'està-dire par parties, en détail, et avec des observations sur leurs proportions. Bien plus, dans les livres élémentaires de dessin, on a poussé l'exactitude jusqu'à donner, en différentes grandeurs et sous différents points de vue, la tige, les branches, les feuilles, les boutons, les fleurs, comme on le fait en

7

Europe pour la tête, les yeux, la bouche, les mains et les pieds. On a même signalé les différences apportées par les saisons et les phases de la maturité dans la teinte des feuilles d'une même plante. Les peintres peuvent rire de cette exactitude minutieuse, mais les naturalistes savent qu'il n'est pas inutile de compter les pennes des oiseaux, les plaques ventrales des reptiles, ou de mesurer la longueur des ongles : aucun détail n'est insignifiant à leurs yeux ; la distinction des phoques et des otaries n'a-t-elle pas pour caractère un simple détail : la forme de l'oreille ? Nous voyons aujourd'hui que les peintres chinois sont inférieurs à ceux de l'Europe par la figure et le paysage, tandis qu'ils représentent avec beaucoup de grâce et de fidélité les animaux et les plantes. Cette inégalité de talent se rattache à l'un des faits les plus remarquables de l'histoire des beaux-arts. Le HOA-HO-CHÉ nous apprend qu'en Chine la peinture fut honorée plusieurs fois de la faveur et de l'estime publique, au point d'attirer sur elle des distinctions, des récompenses et une gloire qui s'accordaient mal avec les principes du gouvernement. Les princes et les amateurs ne croyaient pas pouvoir payer assez cher un tableau des grands maîtres ; il avait déjà perdu son éclat, s'il fallait le couvrir d'or pour l'acheter ; il faisait partie d'un héritage ; on vendait même un héritage entier pour l'acquérir ; l'avoir vu, était un événement dans la vie, et l'on venait des extrémités de l'empire pour se le procurer. La monomanie des galeries ruinait les familles les plus opulentes. De simples citoyens aimaient mieux vendre leurs terres et leurs maisons qu'un dessin original ou un croquis ayant le seul mérite d'être unique ou ancien. L'invasion des Mongols, les guerres civiles, la conquête de la Chine par les Mandchoux ne purent éteindre cette passion. La politique de la dynastie actuelle s'attacha à la combattre. La peinture historique cessa de concourir à la décoration des grands monuments impériaux ; les chefs-d'œuvre des anciens maîtres, réduits à un petit nombre, furent relégués dans les cabinets, les galeries et les salles des jardins. La peinture ne fut plus honorée qu'en qualité d'auxiliaire utile de deux sciences étroitement unies à l'agriculture : la zoologie et la botanique. On chercha à substituer aux images obscènes, si répandues depuis le xᵉ siècle, des livres élémentaires de dessin et d'histoire naturelle. Les gravures à trois, à quatre et même à cinq couleurs rendirent ces recueils attrayants. Comme ces images polychromes sont obtenues par des moyens fort simples et peu coûteux, on les retrouve sur le papier grossier de ces éditions , en nombre fabuleux, destinées à la masse des cultivateurs. C'est dans des publications de ce genre que Kang-hi faisait connaître les efforts que ses prédécesseurs et lui-même avaient faits pour naturaliser en Chine toutes les productions des îles de la mer, de la Tartarie et de l'Indoustan, et surtout pour améliorer les grains, les fruits et les animaux de chaque région du pays par des transplantations et des acclimatations réciproques. On comprend pourquoi ce même empereur, qui avait défendu l'établissement des écoles de la peinture européenne du xviiᵉ siècle, prodiguait les marques d'estime, les paroles gracieuses, les encouragements et les récompenses aux peintres qu'il venait chaque jour visiter, lorsqu'ils travaillaient à enrichir le muséum national, à faciliter l'enseignement populaire. En Occident, le goût des sciences naturelles ne deviendrait-il pas aussi général, si l'on savait tirer parti des progrès de la lithochromie, de la xylographie et des merveilles de la photographie pour enrichir de planches coloriées, d'un prix modique, un tableau des trois règnes, destiné à l'instruction du peuple ?

Quelles richesses incalculables doit renfermer un muséum aussi ancien, aussi vaste, aussi bien ordonné que celui de Pé-king. Là se trouvent sans doute tous les animaux, toutes les plantes dont l'Occident ignore l'existence ; là sont rangées les vestiges des temps antérieurs à nos époques historiques les plus reculées ; les fossiles inconnus des monstres des régions polaires, les débris laissés par la retraite des mers au désert de Cobi et les pierres de la foudre qui servaient d'armes et d'outils aux Mongols errants, et les trophées de la victoire de Yu sur les eaux du déluge. Quelles découvertes ne feront pas en ces lieux des savants européens, quand, grâce au secours de la philologie et de la zoologie comparée, ils n'auront pas à craindre de se perdre dans les détails de l'immense trésor, et pourront de prime abord, aller tout droit aux monuments les plus précieux de l'histoire du monde et de l'humanité !

Pé-king possède un muséum à l'aide duquel il serait facile de poursuivre l'enquête proposée, d'apprécier la valeur des applications de la philologie et de l'analyse graphique à la zoologie comparée. Ce muséum, suivant les auteurs chinois et les P. Attinet et Castiglione, peintre du palais, était, au temps de l'empereur Kang-hi, un trésor immense, où les tributs nombreux de chaque jour venaient augmenter les richesses accumulées par les siècles.

Paris. — Impr. de E. Donnaud, rue Cassette, 9.